1)
$$\begin{array}{r} 2 \\ +\ 3 \\ \hline \end{array}$$
=

2)
$$\begin{array}{r} 0 \\ +\ 9 \\ \hline \end{array}$$
=

3)
$$\begin{array}{r} 8 \\ +\ 6 \\ \hline \end{array}$$
=

4)
$$\begin{array}{r} 9 \\ +\ 6 \\ \hline \end{array}$$
=

5)
$$\begin{array}{r} 2 \\ +\ 5 \\ \hline \end{array}$$
=

6)
$$\begin{array}{r} 0 \\ +\ 7 \\ \hline \end{array}$$
=

7)
$$\begin{array}{r} 3 \\ +\ 9 \\ \hline \end{array}$$
=

8)
$$\begin{array}{r} 8 \\ +\ 8 \\ \hline \end{array}$$
=

9)
$$\begin{array}{r} 5 \\ +\ 1 \\ \hline \end{array}$$
=

10)
$$\begin{array}{r} 5 \\ +\ 6 \\ \hline \end{array}$$
=

11)
$$\begin{array}{r} 6 \\ +\ 2 \\ \hline \end{array}$$
=

12)
$$\begin{array}{r} 4 \\ +\ 2 \\ \hline \end{array}$$
=

1)
$$9 + 1 =$$ ☐☐

2)
$$7 + 5 =$$ ☐☐

3)
$$6 + 9 =$$ ☐☐

4)
$$4 + 5 =$$ ☐☐

5)
$$9 + 2 =$$ ☐☐

6)
$$0 + 2 =$$ ☐☐

7)
$$4 + 7 =$$ ☐☐

8)
$$2 + 1 =$$ ☐☐

9)
$$6 + 2 =$$ ☐☐

10)
$$2 + 8 =$$ ☐☐

11)
$$7 + 2 =$$ ☐☐

12)
$$4 + 5 =$$ ☐☐

1)
$$0 + 1 =$$

2)
$$7 + 9 =$$

3)
$$5 + 8 =$$

4)
$$2 + 1 =$$

5)
$$0 + 0 =$$

6)
$$9 + 4 =$$

7)
$$9 + 7 =$$

8)
$$6 + 8 =$$

9)
$$8 + 3 =$$

10)
$$1 + 8 =$$

11)
$$7 + 3 =$$

12)
$$5 + 5 =$$

1)
$$0 + 8 =$$ ☐☐

2)
$$7 + 5 =$$ ☐☐

3)
$$6 + 9 =$$ ☐☐

4)
$$7 + 5 =$$ ☐☐

5)
$$5 + 7 =$$ ☐☐

6)
$$5 + 3 =$$ ☐☐

7)
$$7 + 9 =$$ ☐☐

8)
$$6 + 5 =$$ ☐☐

9)
$$1 + 3 =$$ ☐☐

10)
$$3 + 7 =$$ ☐☐

11)
$$4 + 8 =$$ ☐☐

12)
$$7 + 2 =$$ ☐☐

1)
$$0 + 9 =$$ ☐☐

2)
$$1 + 8 =$$ ☐☐

3)
$$1 + 9 =$$ ☐☐

4)
$$3 + 1 =$$ ☐☐

5)
$$3 + 4 =$$ ☐☐

6)
$$8 + 8 =$$ ☐☐

7)
$$7 + 4 =$$ ☐☐

8)
$$1 + 6 =$$ ☐☐

9)
$$8 + 1 =$$ ☐☐

10)
$$3 + 6 =$$ ☐☐

11)
$$3 + 1 =$$ ☐☐

12)
$$0 + 7 =$$ ☐☐

1)
$$23 + 45 =$$ ☐☐☐

2)
$$70 + 56 =$$ ☐☐☐

3)
$$20 + 60 =$$ ☐☐☐

4)
$$11 + 61 =$$ ☐☐☐

5)
$$44 + 95 =$$ ☐☐☐

6)
$$10 + 66 =$$ ☐☐☐

7)
$$45 + 37 =$$ ☐☐☐

8)
$$86 + 35 =$$ ☐☐☐

9)
$$24 + 46 =$$ ☐☐☐

10)
$$56 + 95 =$$ ☐☐☐

11)
$$69 + 96 =$$ ☐☐☐

12)
$$95 + 84 =$$ ☐☐☐

1)
$$39 + 20 =$$

2)
$$93 + 18 =$$

3)
$$93 + 23 =$$

4)
$$66 + 38 =$$

5)
$$66 + 50 =$$

6)
$$86 + 62 =$$

7)
$$70 + 49 =$$

8)
$$44 + 60 =$$

9)
$$14 + 32 =$$

10)
$$52 + 11 =$$

11)
$$48 + 81 =$$

12)
$$93 + 32 =$$

1) 82
  + 83
  = ☐☐☐

2) 75
  + 22
  = ☐☐☐

3) 36
  + 11
  = ☐☐☐

4) 96
  + 14
  = ☐☐☐

5) 26
  + 59
  = ☐☐☐

6) 44
  + 81
  = ☐☐☐

7) 66
  + 99
  = ☐☐☐

8) 71
  + 42
  = ☐☐☐

9) 39
  + 23
  = ☐☐☐

10) 59
  + 73
  = ☐☐☐

11) 16
  + 14
  = ☐☐☐

12) 71
  + 95
  = ☐☐☐

1)
$$98 + 53 =$$

2)
$$11 + 31 =$$

3)
$$24 + 79 =$$

4)
$$49 + 94 =$$

5)
$$17 + 93 =$$

6)
$$14 + 52 =$$

7)
$$42 + 66 =$$

8)
$$57 + 54 =$$

9)
$$67 + 99 =$$

10)
$$46 + 54 =$$

11)
$$20 + 42 =$$

12)
$$96 + 60 =$$

1)
$$29$$
$$+ 19$$
$$=$$ ☐☐☐

2)
$$62$$
$$+ 81$$
$$=$$ ☐☐☐

3)
$$18$$
$$+ 25$$
$$=$$ ☐☐☐

4)
$$48$$
$$+ 71$$
$$=$$ ☐☐☐

5)
$$59$$
$$+ 70$$
$$=$$ ☐☐☐

6)
$$73$$
$$+ 92$$
$$=$$ ☐☐☐

7)
$$77$$
$$+ 34$$
$$=$$ ☐☐☐

8)
$$65$$
$$+ 25$$
$$=$$ ☐☐☐

9)
$$76$$
$$+ 31$$
$$=$$ ☐☐☐

10)
$$92$$
$$+ 23$$
$$=$$ ☐☐☐

11)
$$73$$
$$+ 51$$
$$=$$ ☐☐☐

12)
$$42$$
$$+ 49$$
$$=$$ ☐☐☐

1)
$$10 + 92 =$$ ☐☐☐

2)
$$85 + 27 =$$ ☐☐☐

3)
$$85 + 26 =$$ ☐☐☐

4)
$$65 + 84 =$$ ☐☐☐

5)
$$17 + 58 =$$ ☐☐☐

6)
$$59 + 87 =$$ ☐☐☐

7)
$$50 + 23 =$$ ☐☐☐

8)
$$11 + 96 =$$ ☐☐☐

9)
$$30 + 85 =$$ ☐☐☐

10)
$$41 + 21 =$$ ☐☐☐

11)
$$17 + 21 =$$ ☐☐☐

12)
$$42 + 82 =$$ ☐☐☐

1)
$$84 + 94 =$$ ☐☐☐

2)
$$46 + 34 =$$ ☐☐☐

3)
$$39 + 52 =$$ ☐☐☐

4)
$$66 + 91 =$$ ☐☐☐

5)
$$74 + 25 =$$ ☐☐☐

6)
$$59 + 99 =$$ ☐☐☐

7)
$$50 + 98 =$$ ☐☐☐

8)
$$76 + 49 =$$ ☐☐☐

9)
$$67 + 71 =$$ ☐☐☐

10)
$$19 + 42 =$$ ☐☐☐

11)
$$29 + 92 =$$ ☐☐☐

12)
$$39 + 49 =$$ ☐☐☐

1)
$$89 + 99 =$$ ☐☐☐

2)
$$64 + 37 =$$ ☐☐☐

3)
$$77 + 98 =$$ ☐☐☐

4)
$$53 + 58 =$$ ☐☐☐

5)
$$33 + 65 =$$ ☐☐☐

6)
$$84 + 44 =$$ ☐☐☐

7)
$$86 + 69 =$$ ☐☐☐

8)
$$98 + 76 =$$ ☐☐☐

9)
$$86 + 38 =$$ ☐☐☐

10)
$$81 + 78 =$$ ☐☐☐

11)
$$83 + 42 =$$ ☐☐☐

12)
$$41 + 21 =$$ ☐☐☐

1)
$$61 + 49 =$$ ☐☐☐

2)
$$10 + 63 =$$ ☐☐☐

3)
$$88 + 54 =$$ ☐☐☐

4)
$$34 + 85 =$$ ☐☐☐

5)
$$41 + 99 =$$ ☐☐☐

6)
$$44 + 47 =$$ ☐☐☐

7)
$$44 + 62 =$$ ☐☐☐

8)
$$32 + 36 =$$ ☐☐☐

9)
$$64 + 77 =$$ ☐☐☐

10)
$$86 + 60 =$$ ☐☐☐

11)
$$95 + 19 =$$ ☐☐☐

12)
$$80 + 20 =$$ ☐☐☐

1)
$$99 + 65 =$$ ☐☐☐

2)
$$75 + 12 =$$ ☐☐☐

3)
$$51 + 76 =$$ ☐☐☐

4)
$$82 + 19 =$$ ☐☐☐

5)
$$24 + 21 =$$ ☐☐☐

6)
$$95 + 69 =$$ ☐☐☐

7)
$$40 + 65 =$$ ☐☐☐

8)
$$21 + 69 =$$ ☐☐☐

9)
$$58 + 73 =$$ ☐☐☐

10)
$$16 + 84 =$$ ☐☐☐

11)
$$38 + 28 =$$ ☐☐☐

12)
$$64 + 28 =$$ ☐☐☐

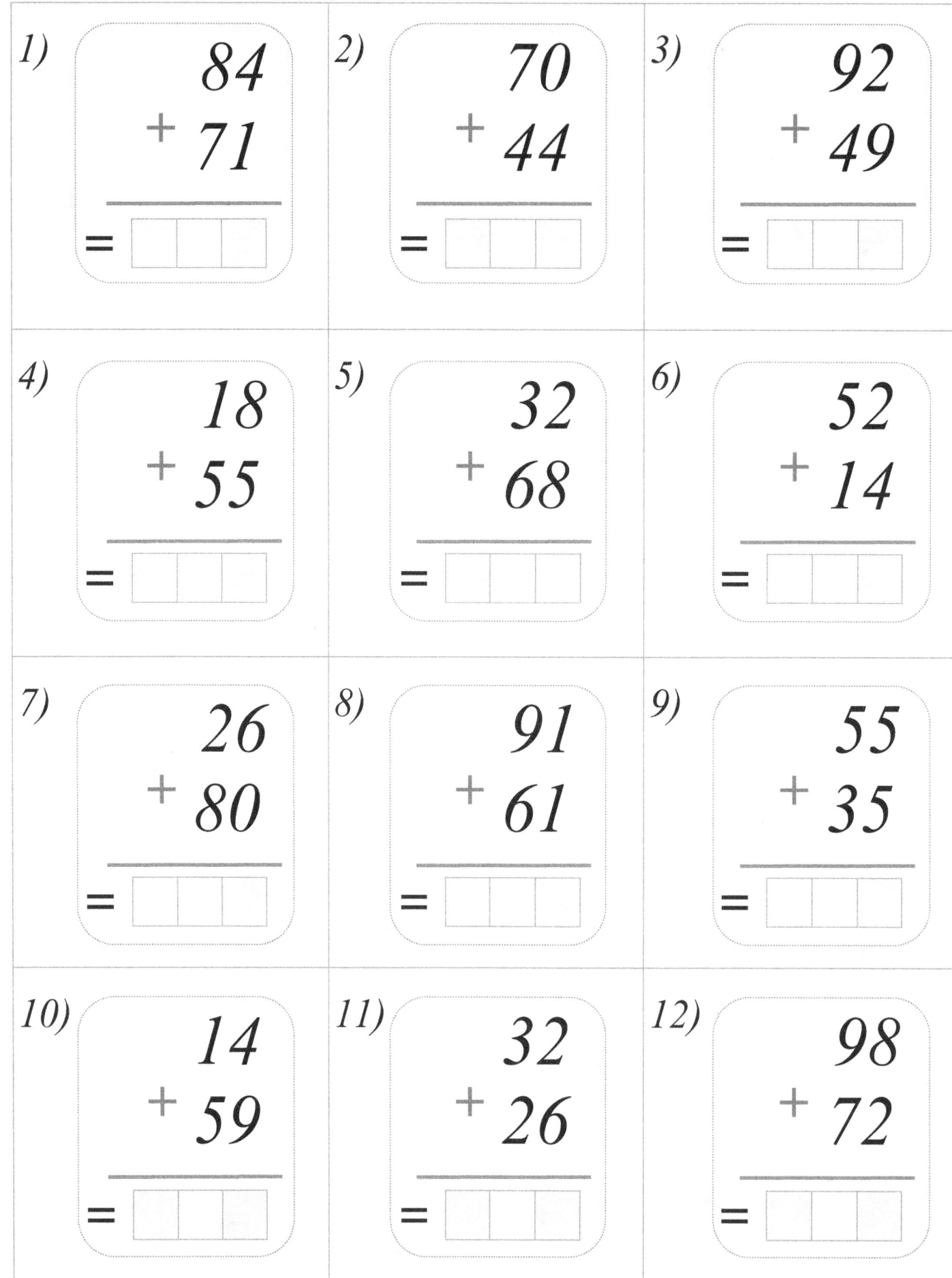

1) 84 + 71 =

2) 70 + 44 =

3) 92 + 49 =

4) 18 + 55 =

5) 32 + 68 =

6) 52 + 14 =

7) 26 + 80 =

8) 91 + 61 =

9) 55 + 35 =

10) 14 + 59 =

11) 32 + 26 =

12) 98 + 72 =

16

1)
$$17 + 79 =$$

2)
$$99 + 92 =$$

3)
$$81 + 70 =$$

4)
$$73 + 77 =$$

5)
$$37 + 13 =$$

6)
$$97 + 96 =$$

7)
$$56 + 28 =$$

8)
$$76 + 87 =$$

9)
$$45 + 76 =$$

10)
$$85 + 87 =$$

11)
$$65 + 48 =$$

12)
$$25 + 81 =$$

1)
$$91 + 58 =$$

2)
$$21 + 96 =$$

3)
$$48 + 23 =$$

4)
$$49 + 61 =$$

5)
$$55 + 21 =$$

6)
$$81 + 72 =$$

7)
$$72 + 33 =$$

8)
$$77 + 28 =$$

9)
$$58 + 76 =$$

10)
$$62 + 83 =$$

11)
$$49 + 69 =$$

12)
$$10 + 88 =$$

1)
$$43 + 65 =$$ ☐☐☐

2)
$$60 + 12 =$$ ☐☐☐

3)
$$59 + 18 =$$ ☐☐☐

4)
$$84 + 32 =$$ ☐☐☐

5)
$$23 + 26 =$$ ☐☐☐

6)
$$36 + 55 =$$ ☐☐☐

7)
$$16 + 43 =$$ ☐☐☐

8)
$$36 + 95 =$$ ☐☐☐

9)
$$51 + 74 =$$ ☐☐☐

10)
$$50 + 69 =$$ ☐☐☐

11)
$$24 + 43 =$$ ☐☐☐

12)
$$41 + 82 =$$ ☐☐☐

1)
$$53$$
$$+\ 44$$
$$=$$

2)
$$59$$
$$+\ 71$$
$$=$$

3)
$$19$$
$$+\ 83$$
$$=$$

4)
$$16$$
$$+\ 89$$
$$=$$

5)
$$94$$
$$+\ 24$$
$$=$$

6)
$$17$$
$$+\ 81$$
$$=$$

7)
$$98$$
$$+\ 92$$
$$=$$

8)
$$38$$
$$+\ 75$$
$$=$$

9)
$$92$$
$$+\ 39$$
$$=$$

10)
$$81$$
$$+\ 67$$
$$=$$

11)
$$64$$
$$+\ 31$$
$$=$$

12)
$$47$$
$$+\ 31$$
$$=$$

1)
$$933 + 968 =$$

2)
$$585 + 671 =$$

3)
$$261 + 356 =$$

4)
$$486 + 485 =$$

5)
$$778 + 723 =$$

6)
$$820 + 390 =$$

7)
$$145 + 748 =$$

8)
$$177 + 635 =$$

9)
$$754 + 183 =$$

10)
$$467 + 583 =$$

11)
$$894 + 782 =$$

12)
$$476 + 333 =$$

1) 790
  + 618
  = ▢▢▢▢

2) 537
  + 141
  = ▢▢▢

3) 996
  + 225
  = ▢▢▢▢

4) 849
  + 325
  = ▢▢▢▢

5) 212
  + 424
  = ▢▢▢

6) 592
  + 127
  = ▢▢▢

7) 157
  + 746
  = ▢▢▢▢

8) 271
  + 231
  = ▢▢▢▢

9) 804
  + 838
  = ▢▢▢▢

10) 165
  + 805
  = ▢▢▢▢

11) 695
  + 857
  = ▢▢▢▢

12) 646
  + 917
  = ▢▢▢▢

1)
$$274 + 943 =$$ ☐☐☐☐

2)
$$644 + 245 =$$ ☐☐☐

3)
$$385 + 898 =$$ ☐☐☐

4)
$$821 + 639 =$$ ☐☐☐

5)
$$166 + 661 =$$ ☐☐☐

6)
$$330 + 992 =$$ ☐☐☐

7)
$$954 + 578 =$$ ☐☐☐☐

8)
$$280 + 720 =$$ ☐☐☐☐

9)
$$257 + 653 =$$ ☐☐☐☐

10)
$$513 + 299 =$$ ☐☐☐☐

11)
$$289 + 770 =$$ ☐☐☐

12)
$$679 + 907 =$$ ☐☐☐

1)
$$778 + 591 =$$

2)
$$293 + 749 =$$

3)
$$676 + 300 =$$

4)
$$910 + 872 =$$

5)
$$692 + 882 =$$

6)
$$294 + 550 =$$

7)
$$390 + 567 =$$

8)
$$299 + 442 =$$

9)
$$957 + 323 =$$

10)
$$883 + 694 =$$

11)
$$253 + 273 =$$

12)
$$943 + 990 =$$

1)
$$955 + 814 =$$ ☐☐☐☐

2)
$$726 + 505 =$$ ☐☐☐☐

3)
$$254 + 158 =$$ ☐☐☐

4)
$$535 + 164 =$$ ☐☐☐☐

5)
$$782 + 277 =$$ ☐☐☐☐

6)
$$698 + 212 =$$ ☐☐☐☐

7)
$$862 + 519 =$$ ☐☐☐☐

8)
$$257 + 320 =$$ ☐☐☐☐

9)
$$520 + 442 =$$ ☐☐☐☐

10)
$$884 + 682 =$$ ☐☐☐☐

11)
$$705 + 715 =$$ ☐☐☐☐

12)
$$819 + 935 =$$ ☐☐☐☐

1)
$$657 + 909 =$$ ☐☐☐☐

2)
$$119 + 676 =$$ ☐☐☐☐

3)
$$499 + 763 =$$ ☐☐☐☐

4)
$$386 + 112 =$$ ☐☐☐☐

5)
$$314 + 669 =$$ ☐☐☐☐

6)
$$492 + 229 =$$ ☐☐☐☐

7)
$$855 + 822 =$$ ☐☐☐☐

8)
$$206 + 738 =$$ ☐☐☐☐

9)
$$400 + 209 =$$ ☐☐☐☐

10)
$$461 + 518 =$$ ☐☐☐☐

11)
$$830 + 401 =$$ ☐☐☐☐

12)
$$924 + 480 =$$ ☐☐☐☐

1)
$$319 + 891 =$$ ☐☐☐☐

2)
$$910 + 654 =$$ ☐☐☐☐

3)
$$801 + 466 =$$ ☐☐☐☐

4)
$$982 + 778 =$$ ☐☐☐☐

5)
$$822 + 802 =$$ ☐☐☐☐

6)
$$356 + 924 =$$ ☐☐☐☐

7)
$$508 + 204 =$$ ☐☐☐☐

8)
$$479 + 424 =$$ ☐☐☐☐

9)
$$151 + 358 =$$ ☐☐☐☐

10)
$$594 + 860 =$$ ☐☐☐☐

11)
$$882 + 525 =$$ ☐☐☐☐

12)
$$913 + 838 =$$ ☐☐☐☐

1)
$$772 + 117 =$$ ☐☐☐☐

2)
$$149 + 174 =$$ ☐☐☐

3)
$$952 + 330 =$$ ☐☐☐

4)
$$314 + 839 =$$ ☐☐☐

5)
$$914 + 265 =$$ ☐☐☐

6)
$$242 + 209 =$$ ☐☐☐

7)
$$562 + 681 =$$ ☐☐☐

8)
$$428 + 794 =$$ ☐☐☐

9)
$$896 + 463 =$$ ☐☐☐

10)
$$472 + 790 =$$ ☐☐☐

11)
$$903 + 289 =$$ ☐☐☐

12)
$$287 + 374 =$$ ☐☐☐

1)
$$280 + 252 =$$ ☐☐☐☐

2)
$$446 + 199 =$$ ☐☐☐☐

3)
$$761 + 183 =$$ ☐☐☐☐

4)
$$527 + 322 =$$ ☐☐☐☐

5)
$$729 + 197 =$$ ☐☐☐☐

6)
$$215 + 335 =$$ ☐☐☐☐

7)
$$368 + 989 =$$ ☐☐☐☐

8)
$$243 + 329 =$$ ☐☐☐☐

9)
$$135 + 566 =$$ ☐☐☐☐

10)
$$256 + 639 =$$ ☐☐☐☐

11)
$$919 + 741 =$$ ☐☐☐☐

12)
$$196 + 465 =$$ ☐☐☐☐

1)
$$368 + 663 =$$

2)
$$420 + 302 =$$

3)
$$724 + 254 =$$

4)
$$272 + 698 =$$

5)
$$424 + 916 =$$

6)
$$301 + 527 =$$

7)
$$296 + 488 =$$

8)
$$209 + 216 =$$

9)
$$935 + 844 =$$

10)
$$991 + 110 =$$

11)
$$854 + 229 =$$

12)
$$608 + 438 =$$

1)
$$822 + 523 =$$ ☐☐☐☐

2)
$$423 + 144 =$$ ☐☐☐☐

3)
$$975 + 647 =$$ ☐☐☐☐

4)
$$599 + 726 =$$ ☐☐☐☐

5)
$$480 + 938 =$$ ☐☐☐☐

6)
$$944 + 709 =$$ ☐☐☐☐

7)
$$758 + 889 =$$ ☐☐☐☐

8)
$$353 + 161 =$$ ☐☐☐☐

9)
$$619 + 589 =$$ ☐☐☐☐

10)
$$916 + 470 =$$ ☐☐☐☐

11)
$$296 + 983 =$$ ☐☐☐☐

12)
$$844 + 776 =$$ ☐☐☐☐

1)
$$196 + 402 =$$ ☐☐☐☐

2)
$$879 + 472 =$$ ☐☐☐☐

3)
$$676 + 994 =$$ ☐☐☐☐

4)
$$694 + 698 =$$ ☐☐☐☐

5)
$$895 + 320 =$$ ☐☐☐☐

6)
$$472 + 601 =$$ ☐☐☐☐

7)
$$371 + 957 =$$ ☐☐☐☐

8)
$$816 + 748 =$$ ☐☐☐☐

9)
$$610 + 818 =$$ ☐☐☐☐

10)
$$420 + 405 =$$ ☐☐☐☐

11)
$$974 + 618 =$$ ☐☐☐☐

12)
$$823 + 998 =$$ ☐☐☐☐

1)
$$733 + 657 =$$ ☐☐☐☐

2)
$$644 + 36 =$$ ☐☐☐☐

3)
$$915 + 377 =$$ ☐☐☐☐

4)
$$323 + 767 =$$ ☐☐☐☐

5)
$$568 + 698 =$$ ☐☐☐☐

6)
$$543 + 445 =$$ ☐☐☐☐

7)
$$928 + 900 =$$ ☐☐☐☐

8)
$$273 + 919 =$$ ☐☐☐☐

9)
$$185 + 907 =$$ ☐☐☐☐

10)
$$776 + 952 =$$ ☐☐☐☐

11)
$$685 + 885 =$$ ☐☐☐☐

12)
$$527 + 967 =$$ ☐☐☐☐

1) $89 + 276 =$ ▢▢▢▢

2) $492 + 40 =$ ▢▢▢

3) $506 + 624 =$ ▢▢▢

4) $179 + 697 =$ ▢▢▢

5) $566 + 799 =$ ▢▢▢

6) $579 + 180 =$ ▢▢▢

7) $995 + 404 =$ ▢▢▢▢

8) $314 + 758 =$ ▢▢▢▢

9) $323 + 956 =$ ▢▢▢▢

10) $604 + 278 =$ ▢▢▢▢

11) $786 + 237 =$ ▢▢▢▢

12) $606 + 899 =$ ▢▢▢

1)
$$207 + 506 =$$ [ ][ ][ ][ ]

2)
$$783 + 994 =$$ [ ][ ][ ][ ]

3)
$$368 + 393 =$$ [ ][ ][ ][ ]

4)
$$182 + 31 =$$ [ ][ ][ ][ ]

5)
$$52 + 990 =$$ [ ][ ][ ][ ]

6)
$$298 + 233 =$$ [ ][ ][ ][ ]

7)
$$150 + 987 =$$ [ ][ ][ ][ ]

8)
$$801 + 848 =$$ [ ][ ][ ][ ]

9)
$$392 + 449 =$$ [ ][ ][ ][ ]

10)
$$949 + 54 =$$ [ ][ ][ ][ ]

11)
$$331 + 197 =$$ [ ][ ][ ][ ]

12)
$$136 + 347 =$$ [ ][ ][ ][ ]

1)
$$898 + 437 =$$ ▢▢▢▢

2)
$$593 + 673 =$$ ▢▢▢▢

3)
$$812 + 358 =$$ ▢▢▢▢

4)
$$843 + 533 =$$ ▢▢▢▢

5)
$$323 + 767 =$$ ▢▢▢▢

6)
$$974 + 211 =$$ ▢▢▢▢

7)
$$302 + 916 =$$ ▢▢▢▢

8)
$$773 + 253 =$$ ▢▢▢▢

9)
$$770 + 737 =$$ ▢▢▢▢

10)
$$539 + 828 =$$ ▢▢▢▢

11)
$$499 + 940 =$$ ▢▢▢▢

12)
$$702 + 906 =$$ ▢▢▢▢

1)
$$38 + 163 =$$

2)
$$183 + 140 =$$

3)
$$157 + 605 =$$

4)
$$580 + 497 =$$

5)
$$728 + 375 =$$

6)
$$449 + 347 =$$

7)
$$283 + 657 =$$

8)
$$263 + 363 =$$

9)
$$919 + 498 =$$

10)
$$148 + 108 =$$

11)
$$32 + 882 =$$

12)
$$682 + 547 =$$

1)
$$88 + 664 =$$ ☐☐☐☐

2)
$$476 + 455 =$$ ☐☐☐☐

3)
$$652 + 976 =$$ ☐☐☐☐

4)
$$721 + 211 =$$ ☐☐☐☐

5)
$$762 + 357 =$$ ☐☐☐☐

6)
$$275 + 22 =$$ ☐☐☐☐

7)
$$551 + 472 =$$ ☐☐☐☐

8)
$$318 + 774 =$$ ☐☐☐☐

9)
$$910 + 619 =$$ ☐☐☐☐

10)
$$508 + 163 =$$ ☐☐☐☐

11)
$$433 + 726 =$$ ☐☐☐☐

12)
$$293 + 678 =$$ ☐☐☐☐

1) 692
  + 918
  = ☐☐☐☐

2) 281
  + 733
  = ☐☐☐☐

3) 880
  + 153
  = ☐☐☐

4) 991
  + 435
  = ☐☐☐☐

5) 307
  + 709
  = ☐☐☐☐

6) 895
  + 985
  = ☐☐☐☐

7) 679
  + 475
  = ☐☐☐☐

8) 463
  + 779
  = ☐☐☐☐

9) 355
  + 505
  = ☐☐☐☐

10) 666
  + 289
  = ☐☐☐☐

11) 721
  + 172
  = ☐☐☐

12) 463
  + 451
  = ☐☐☐

1)
$$289 + 521 = \boxed{}\boxed{}\boxed{}\boxed{}$$

2)
$$726 + 349 = \boxed{}\boxed{}\boxed{}\boxed{}$$

3)
$$77 + 368 = \boxed{}\boxed{}\boxed{}\boxed{}$$

4)
$$992 + 330 = \boxed{}\boxed{}\boxed{}\boxed{}$$

5)
$$609 + 863 = \boxed{}\boxed{}\boxed{}\boxed{}$$

6)
$$470 + 900 = \boxed{}\boxed{}\boxed{}\boxed{}$$

7)
$$895 + 751 = \boxed{}\boxed{}\boxed{}\boxed{}$$

8)
$$550 + 712 = \boxed{}\boxed{}\boxed{}\boxed{}$$

9)
$$929 + 605 = \boxed{}\boxed{}\boxed{}\boxed{}$$

10)
$$424 + 668 = \boxed{}\boxed{}\boxed{}\boxed{}$$

11)
$$886 + 930 = \boxed{}\boxed{}\boxed{}\boxed{}$$

12)
$$591 + 655 = \boxed{}\boxed{}\boxed{}\boxed{}$$

1)
$$614 + 452 =$$ ☐☐☐☐

2)
$$453 + 256 =$$ ☐☐☐☐

3)
$$635 + 229 =$$ ☐☐☐☐

4)
$$822 + 843 =$$ ☐☐☐☐

5)
$$455 + 816 =$$ ☐☐☐☐

6)
$$542 + 674 =$$ ☐☐☐☐

7)
$$790 + 545 =$$ ☐☐☐☐

8)
$$627 + 868 =$$ ☐☐☐☐

9)
$$887 + 828 =$$ ☐☐☐☐

10)
$$208 + 169 =$$ ☐☐☐☐

11)
$$892 + 951 =$$ ☐☐☐☐

12)
$$911 + 3 =$$ ☐☐☐☐

1)
$$517 + 152 =$$ ☐☐☐☐

2)
$$235 + 531 =$$ ☐☐☐

3)
$$175 + 867 =$$ ☐☐☐☐

4)
$$338 + 439 =$$ ☐☐☐☐

5)
$$754 + 313 =$$ ☐☐☐☐

6)
$$153 + 4 =$$ ☐☐☐☐

7)
$$972 + 784 =$$ ☐☐☐☐

8)
$$591 + 114 =$$ ☐☐☐☐

9)
$$632 + 876 =$$ ☐☐☐☐

10)
$$264 + 255 =$$ ☐☐☐☐

11)
$$521 + 105 =$$ ☐☐☐☐

12)
$$130 + 169 =$$ ☐☐☐☐

1)
$$806 + 851 =$$ ▢▢▢▢

2)
$$352 + 923 =$$ ▢▢▢▢

3)
$$704 + 288 =$$ ▢▢▢▢

4)
$$243 + 608 =$$ ▢▢▢▢

5)
$$512 + 832 =$$ ▢▢▢▢

6)
$$594 + 763 =$$ ▢▢▢▢

7)
$$382 + 562 =$$ ▢▢▢▢

8)
$$785 + 200 =$$ ▢▢▢▢

9)
$$361 + 583 =$$ ▢▢▢▢

10)
$$984 + 194 =$$ ▢▢▢▢

11)
$$768 + 575 =$$ ▢▢▢▢

12)
$$682 + 963 =$$ ▢▢▢▢

1)
$$328 + 326 =$$ ☐☐☐☐

2)
$$429 + 921 =$$ ☐☐☐☐

3)
$$360 + 107 =$$ ☐☐☐☐

4)
$$676 + 808 =$$ ☐☐☐☐

5)
$$391 + 409 =$$ ☐☐☐☐

6)
$$544 + 455 =$$ ☐☐☐☐

7)
$$64 + 203 =$$ ☐☐☐☐

8)
$$174 + 771 =$$ ☐☐☐☐

9)
$$225 + 924 =$$ ☐☐☐☐

10)
$$639 + 262 =$$ ☐☐☐☐

11)
$$468 + 803 =$$ ☐☐☐☐

12)
$$393 + 659 =$$ ☐☐☐☐

1)
$$397 + 287 =$$ ☐☐☐☐

2)
$$916 + 883 =$$ ☐☐☐☐

3)
$$161 + 395 =$$ ☐☐☐☐

4)
$$119 + 620 =$$ ☐☐☐☐

5)
$$247 + 466 =$$ ☐☐☐☐

6)
$$571 + 316 =$$ ☐☐☐☐

7)
$$611 + 545 =$$ ☐☐☐☐

8)
$$354 + 335 =$$ ☐☐☐☐

9)
$$432 + 162 =$$ ☐☐☐☐

10)
$$514 + 66 =$$ ☐☐☐☐

11)
$$930 + 821 =$$ ☐☐☐☐

12)
$$726 + 801 =$$ ☐☐☐☐

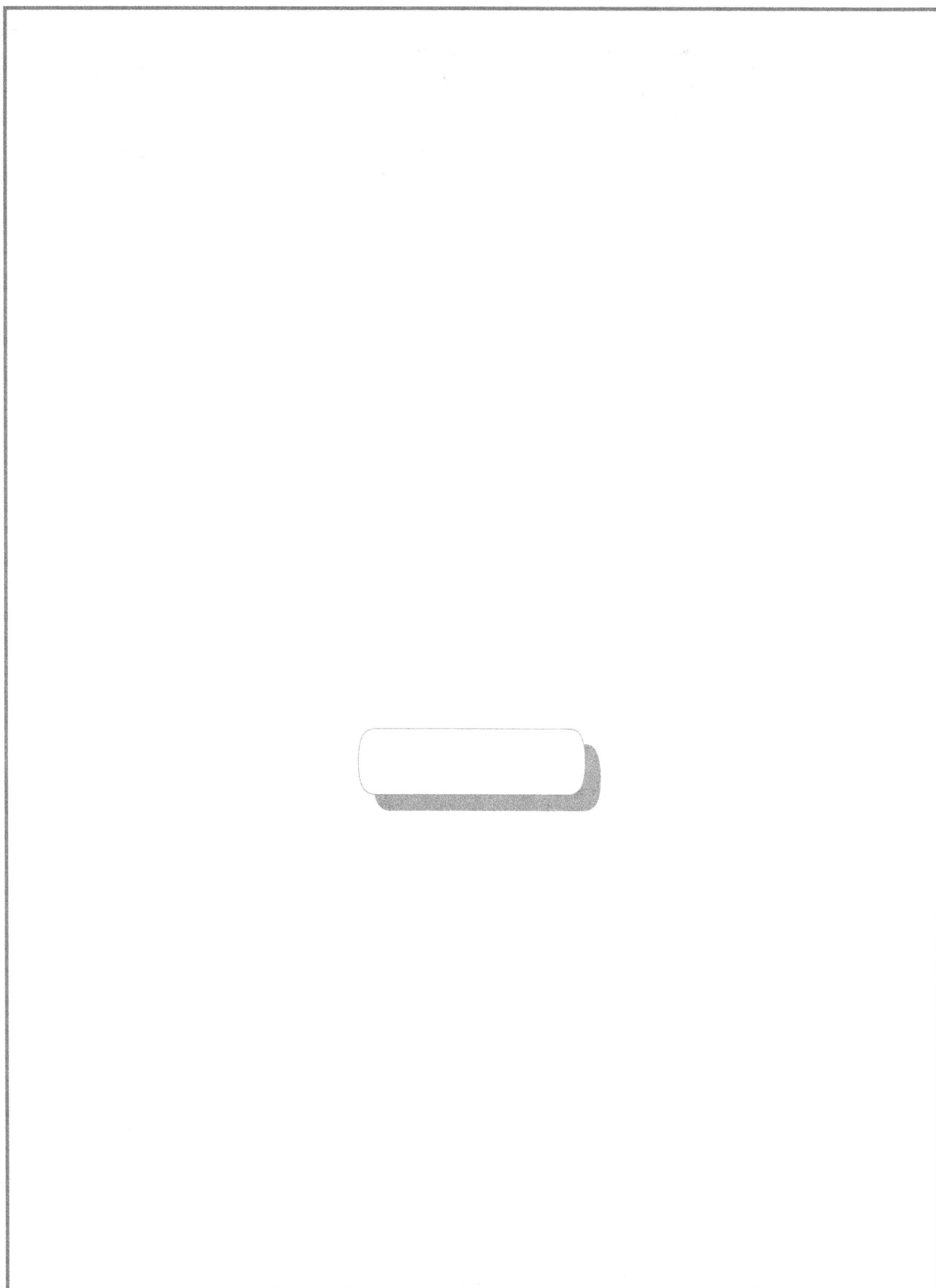

1)
$$1 - 0 = \boxed{}$$

2)
$$1 - 1 = \boxed{}$$

3)
$$6 - 3 = \boxed{}$$

4)
$$3 - 0 = \boxed{}$$

5)
$$0 - 0 = \boxed{}$$

6)
$$1 - 0 = \boxed{}$$

7)
$$8 - 0 = \boxed{}$$

8)
$$2 - 1 = \boxed{}$$

9)
$$2 - 0 = \boxed{}$$

10)
$$8 - 5 = \boxed{}$$

11)
$$8 - 2 = \boxed{}$$

12)
$$3 - 2 = \boxed{}$$

1)
$$4 - 2 =$$ ☐

2)
$$3 - 3 =$$ ☐

3)
$$8 - 3 =$$ ☐

4)
$$5 - 5 =$$ ☐

5)
$$1 - 0 =$$ ☐

6)
$$6 - 4 =$$ ☐

7)
$$1 - 1 =$$ ☐

8)
$$6 - 0 =$$ ☐

9)
$$2 - 1 =$$ ☐

10)
$$9 - 2 =$$ ☐

11)
$$7 - 5 =$$ ☐

12)
$$3 - 2 =$$ ☐

1)
$$8 - 0 =$$ _____

2)
$$0 - 0 =$$ _____

3)
$$1 - 1 =$$ _____

4)
$$9 - 9 =$$ _____

5)
$$9 - 0 =$$ _____

6)
$$4 - 1 =$$ _____

7)
$$3 - 0 =$$ _____

8)
$$8 - 2 =$$ _____

9)
$$1 - 1 =$$ _____

10)
$$3 - 0 =$$ _____

11)
$$7 - 1 =$$ _____

12)
$$8 - 1 =$$ _____

1)
$$4 - 4 =$$ ☐

2)
$$4 - 0 =$$ ☐

3)
$$8 - 1 =$$ ☐

4)
$$8 - 7 =$$ ☐

5)
$$4 - 0 =$$ ☐

6)
$$4 - 1 =$$ ☐

7)
$$2 - 2 =$$ ☐

8)
$$2 - 0 =$$ ☐

9)
$$9 - 8 =$$ ☐

10)
$$1 - 1 =$$ ☐

11)
$$8 - 1 =$$ ☐

12)
$$1 - 1 =$$ ☐

1)
$$8 - 3 =$$ ☐

2)
$$6 - 2 =$$ ☐

3)
$$8 - 0 =$$ ☐

4)
$$0 - 0 =$$ ☐

5)
$$3 - 0 =$$ ☐

6)
$$5 - 4 =$$ ☐

7)
$$5 - 1 =$$ ☐

8)
$$9 - 4 =$$ ☐

9)
$$9 - 8 =$$ ☐

10)
$$8 - 3 =$$ ☐

11)
$$7 - 3 =$$ ☐

12)
$$7 - 7 =$$ ☐

1)
86
- 36
=

2)
92
- 36
=

3)
62
- 41
=

4)
59
- 18
=

5)
54
- 18
=

6)
18
- 15
=

7)
43
- 34
=

8)
78
- 37
=

9)
28
- 25
=

10)
65
- 43
=

11)
72
- 59
=

12)
49
- 16
=

1)
$$46 - 12 =$$

2)
$$59 - 35 =$$

3)
$$83 - 50 =$$

4)
$$93 - 82 =$$

5)
$$39 - 24 =$$

6)
$$62 - 53 =$$

7)
$$44 - 15 =$$

8)
$$68 - 17 =$$

9)
$$57 - 23 =$$

10)
$$45 - 19 =$$

11)
$$44 - 32 =$$

12)
$$83 - 22 =$$

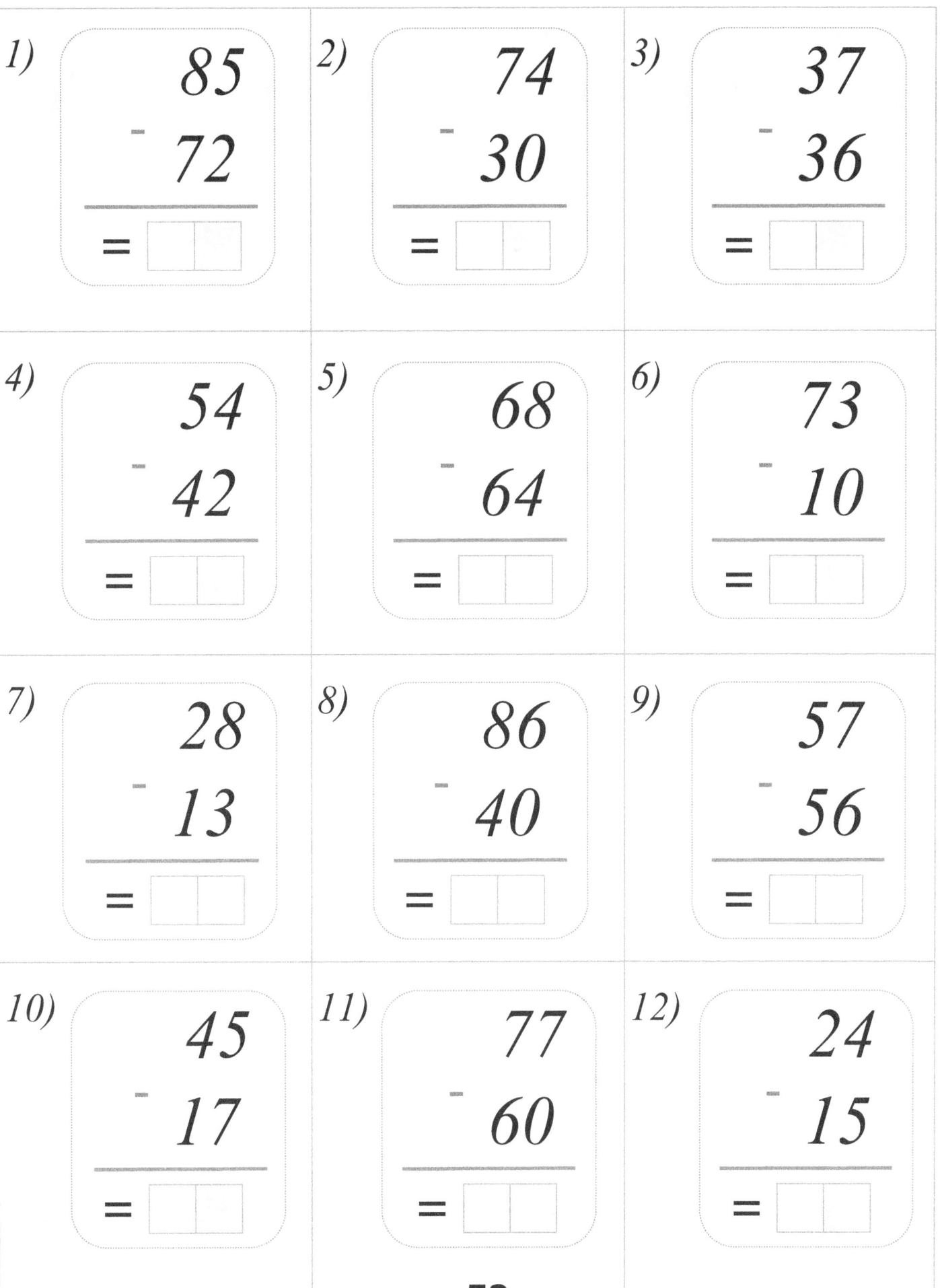

1) 85 − 72 = ☐☐

2) 74 − 30 = ☐☐

3) 37 − 36 = ☐☐

4) 54 − 42 = ☐☐

5) 68 − 64 = ☐☐

6) 73 − 10 = ☐☐

7) 28 − 13 = ☐☐

8) 86 − 40 = ☐☐

9) 57 − 56 = ☐☐

10) 45 − 17 = ☐☐

11) 77 − 60 = ☐☐

12) 24 − 15 = ☐☐

1)
$$19 - 11 = \boxed{}$$

2)
$$39 - 22 = \boxed{}$$

3)
$$16 - 10 = \boxed{}$$

4)
$$30 - 22 = \boxed{}$$

5)
$$70 - 21 = \boxed{}$$

6)
$$39 - 28 = \boxed{}$$

7)
$$90 - 20 = \boxed{}$$

8)
$$86 - 71 = \boxed{}$$

9)
$$48 - 46 = \boxed{}$$

10)
$$92 - 40 = \boxed{}$$

11)
$$64 - 33 = \boxed{}$$

12)
$$61 - 13 = \boxed{}$$

1)
$$10 - 10 =$$ ☐☐

2)
$$51 - 36 =$$ ☐☐

3)
$$97 - 61 =$$ ☐☐

4)
$$10 - 10 =$$ ☐☐

5)
$$37 - 25 =$$ ☐☐

6)
$$84 - 75 =$$ ☐☐

7)
$$72 - 56 =$$ ☐☐

8)
$$59 - 32 =$$ ☐☐

9)
$$62 - 50 =$$ ☐☐

10)
$$11 - 11 =$$ ☐☐

11)
$$79 - 19 =$$ ☐☐

12)
$$21 - 12 =$$ ☐☐

1)
$$41 - 26 =$$ ☐☐

2)
$$38 - 36 =$$ ☐☐

3)
$$40 - 10 =$$ ☐☐

4)
$$63 - 17 =$$ ☐☐

5)
$$23 - 17 =$$ ☐☐

6)
$$26 - 20 =$$ ☐☐

7)
$$91 - 85 =$$ ☐☐

8)
$$27 - 15 =$$ ☐☐

9)
$$15 - 15 =$$ ☐☐

10)
$$21 - 15 =$$ ☐☐

11)
$$96 - 39 =$$ ☐☐

12)
$$45 - 44 =$$ ☐☐

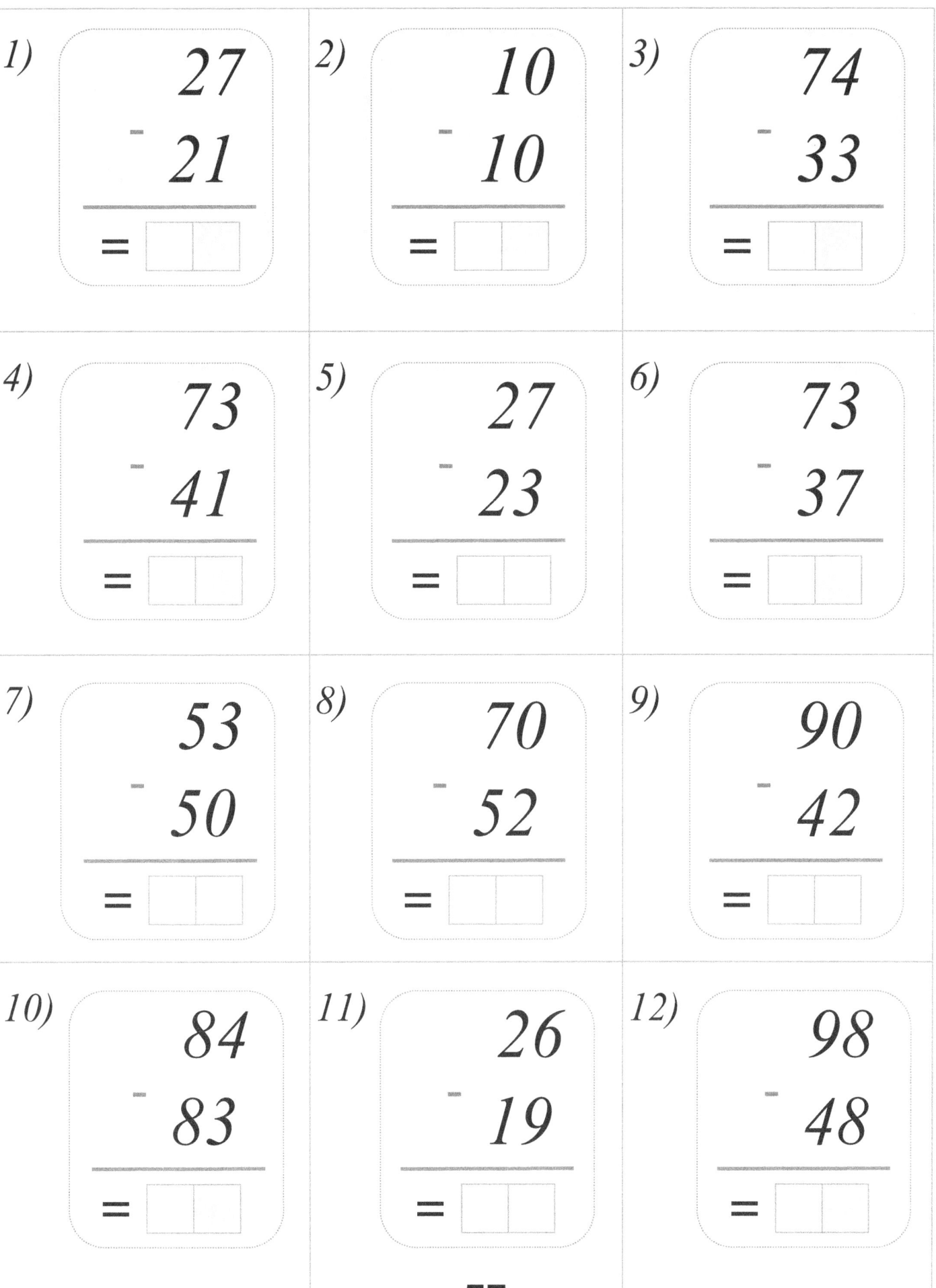

1)
$$27 - 21 = \boxed{}$$

2)
$$10 - 10 = \boxed{}$$

3)
$$74 - 33 = \boxed{}$$

4)
$$73 - 41 = \boxed{}$$

5)
$$27 - 23 = \boxed{}$$

6)
$$73 - 37 = \boxed{}$$

7)
$$53 - 50 = \boxed{}$$

8)
$$70 - 52 = \boxed{}$$

9)
$$90 - 42 = \boxed{}$$

10)
$$84 - 83 = \boxed{}$$

11)
$$26 - 19 = \boxed{}$$

12)
$$98 - 48 = \boxed{}$$

1)
$$\begin{array}{r} 14 \\ -\ 14 \\ \hline = \square\square \end{array}$$

2)
$$\begin{array}{r} 14 \\ -\ 12 \\ \hline = \square\square \end{array}$$

3)
$$\begin{array}{r} 43 \\ -\ 34 \\ \hline = \square\square \end{array}$$

4)
$$\begin{array}{r} 56 \\ -\ 12 \\ \hline = \square\square \end{array}$$

5)
$$\begin{array}{r} 41 \\ -\ 21 \\ \hline = \square\square \end{array}$$

6)
$$\begin{array}{r} 78 \\ -\ 19 \\ \hline = \square\square \end{array}$$

7)
$$\begin{array}{r} 93 \\ -\ 32 \\ \hline = \square\square \end{array}$$

8)
$$\begin{array}{r} 33 \\ -\ 10 \\ \hline = \square\square \end{array}$$

9)
$$\begin{array}{r} 71 \\ -\ 21 \\ \hline = \square\square \end{array}$$

10)
$$\begin{array}{r} 35 \\ -\ 29 \\ \hline = \square\square \end{array}$$

11)
$$\begin{array}{r} 88 \\ -\ 44 \\ \hline = \square\square \end{array}$$

12)
$$\begin{array}{r} 85 \\ -\ 81 \\ \hline = \square\square \end{array}$$

1)
$$76 - 32 =$$ ☐☐

2)
$$94 - 14 =$$ ☐☐

3)
$$36 - 17 =$$ ☐☐

4)
$$80 - 21 =$$ ☐☐

5)
$$20 - 13 =$$ ☐☐

6)
$$33 - 25 =$$ ☐☐

7)
$$67 - 51 =$$ ☐☐

8)
$$22 - 14 =$$ ☐☐

9)
$$44 - 29 =$$ ☐☐

10)
$$42 - 29 =$$ ☐☐

11)
$$75 - 75 =$$ ☐☐

12)
$$51 - 11 =$$ ☐☐

1)
$$28 - 16 =$$ ☐☐

2)
$$77 - 50 =$$ ☐☐

3)
$$34 - 15 =$$ ☐☐

4)
$$31 - 16 =$$ ☐☐

5)
$$46 - 14 =$$ ☐☐

6)
$$70 - 42 =$$ ☐☐

7)
$$72 - 30 =$$ ☐☐

8)
$$57 - 37 =$$ ☐☐

9)
$$44 - 20 =$$ ☐☐

10)
$$50 - 36 =$$ ☐☐

11)
$$67 - 35 =$$ ☐☐

12)
$$76 - 22 =$$ ☐☐

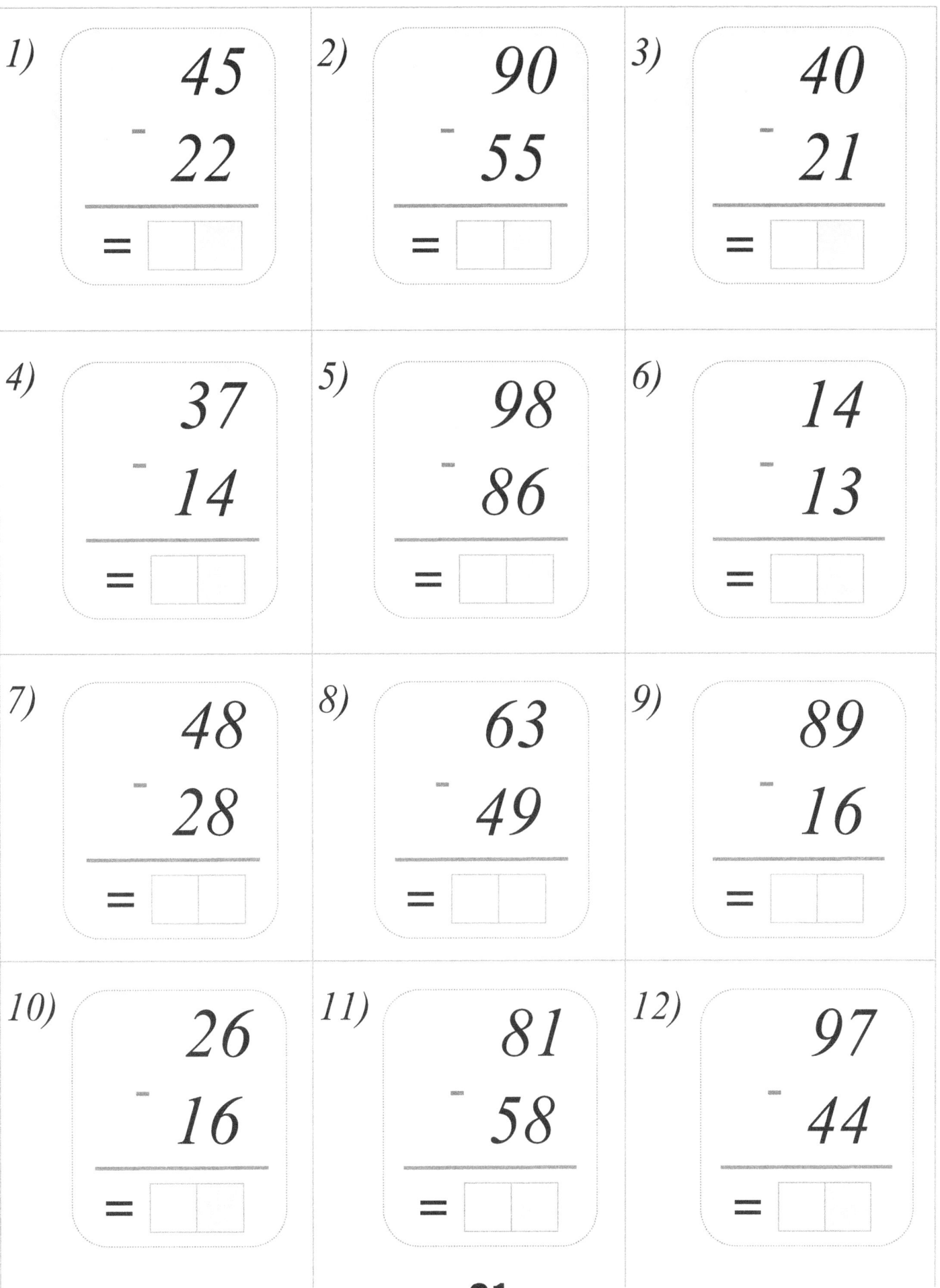

1) 45 - 22 =

2) 90 - 55 =

3) 40 - 21 =

4) 37 - 14 =

5) 98 - 86 =

6) 14 - 13 =

7) 48 - 28 =

8) 63 - 49 =

9) 89 - 16 =

10) 26 - 16 =

11) 81 - 58 =

12) 97 - 44 =

1)
$$94 - 28 =$$ ☐☐

2)
$$95 - 52 =$$ ☐☐

3)
$$83 - 53 =$$ ☐☐

4)
$$48 - 15 =$$ ☐☐

5)
$$12 - 12 =$$ ☐☐

6)
$$17 - 14 =$$ ☐☐

7)
$$90 - 70 =$$ ☐☐

8)
$$19 - 19 =$$ ☐☐

9)
$$65 - 23 =$$ ☐☐

10)
$$42 - 31 =$$ ☐☐

11)
$$50 - 12 =$$ ☐☐

12)
$$31 - 27 =$$ ☐☐

1) 78 − 37 = ☐☐

2) 77 − 67 = ☐☐

3) 29 − 16 = ☐☐

4) 34 − 10 = ☐☐

5) 66 − 20 = ☐☐

6) 54 − 30 = ☐☐

7) 86 − 25 = ☐☐

8) 77 − 50 = ☐☐

9) 24 − 23 = ☐☐

10) 98 − 50 = ☐☐

11) 89 − 27 = ☐☐

12) 67 − 53 = ☐☐

1)
$$80 - 35 =$$ ☐☐

2)
$$88 - 44 =$$ ☐☐

3)
$$63 - 20 =$$ ☐☐

4)
$$63 - 24 =$$ ☐☐

5)
$$15 - 14 =$$ ☐☐

6)
$$45 - 19 =$$ ☐☐

7)
$$45 - 19 =$$ ☐☐

8)
$$66 - 65 =$$ ☐☐

9)
$$65 - 42 =$$ ☐☐

10)
$$19 - 11 =$$ ☐☐

11)
$$43 - 33 =$$ ☐☐

12)
$$60 - 53 =$$ ☐☐

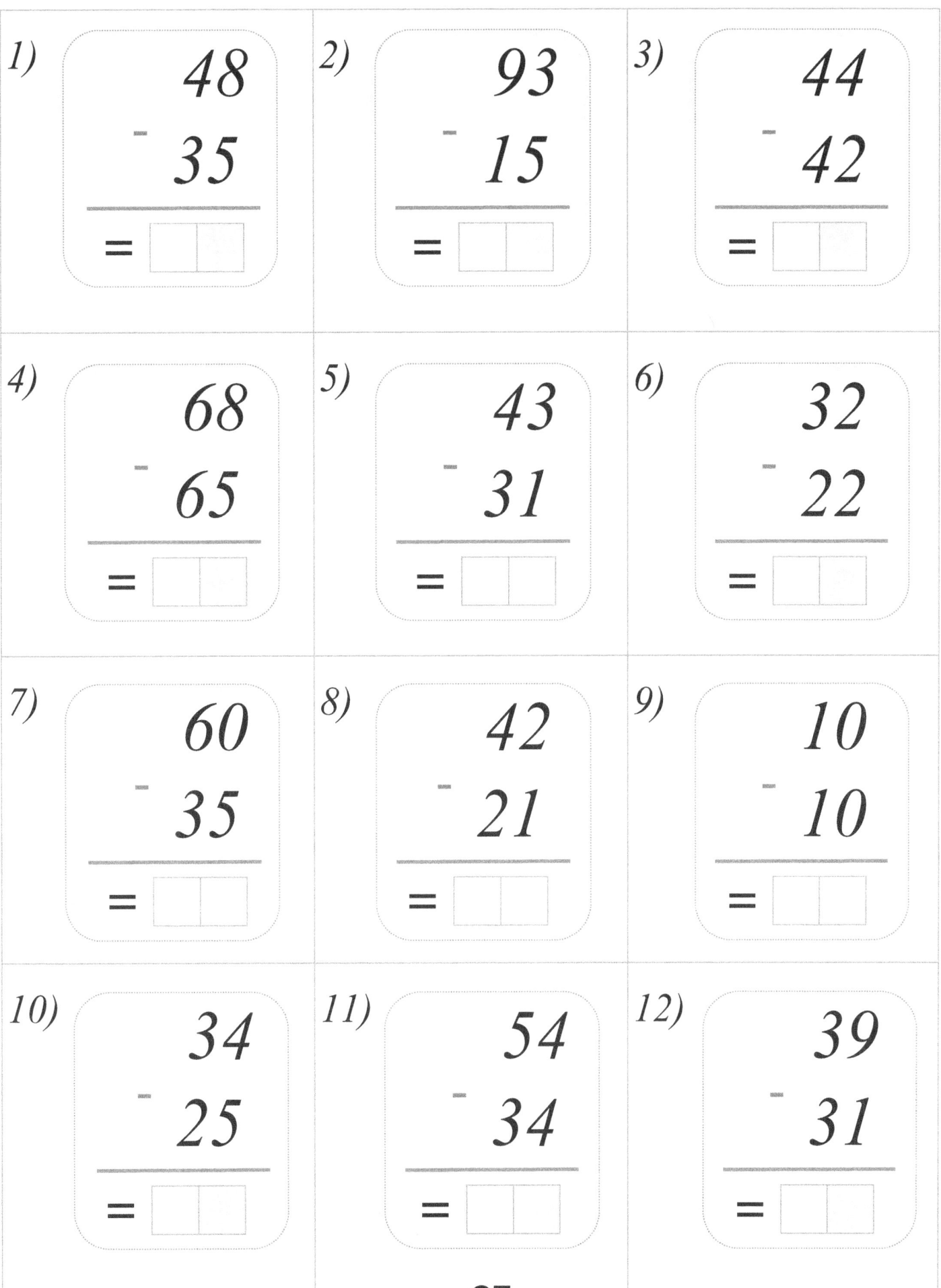

1) 48
  - 35
  = ☐☐

2) 93
  - 15
  = ☐☐

3) 44
  - 42
  = ☐☐

4) 68
  - 65
  = ☐☐

5) 43
  - 31
  = ☐☐

6) 32
  - 22
  = ☐☐

7) 60
  - 35
  = ☐☐

8) 42
  - 21
  = ☐☐

9) 10
  - 10
  = ☐☐

10) 34
  - 25
  = ☐☐

11) 54
  - 34
  = ☐☐

12) 39
  - 31
  = ☐☐

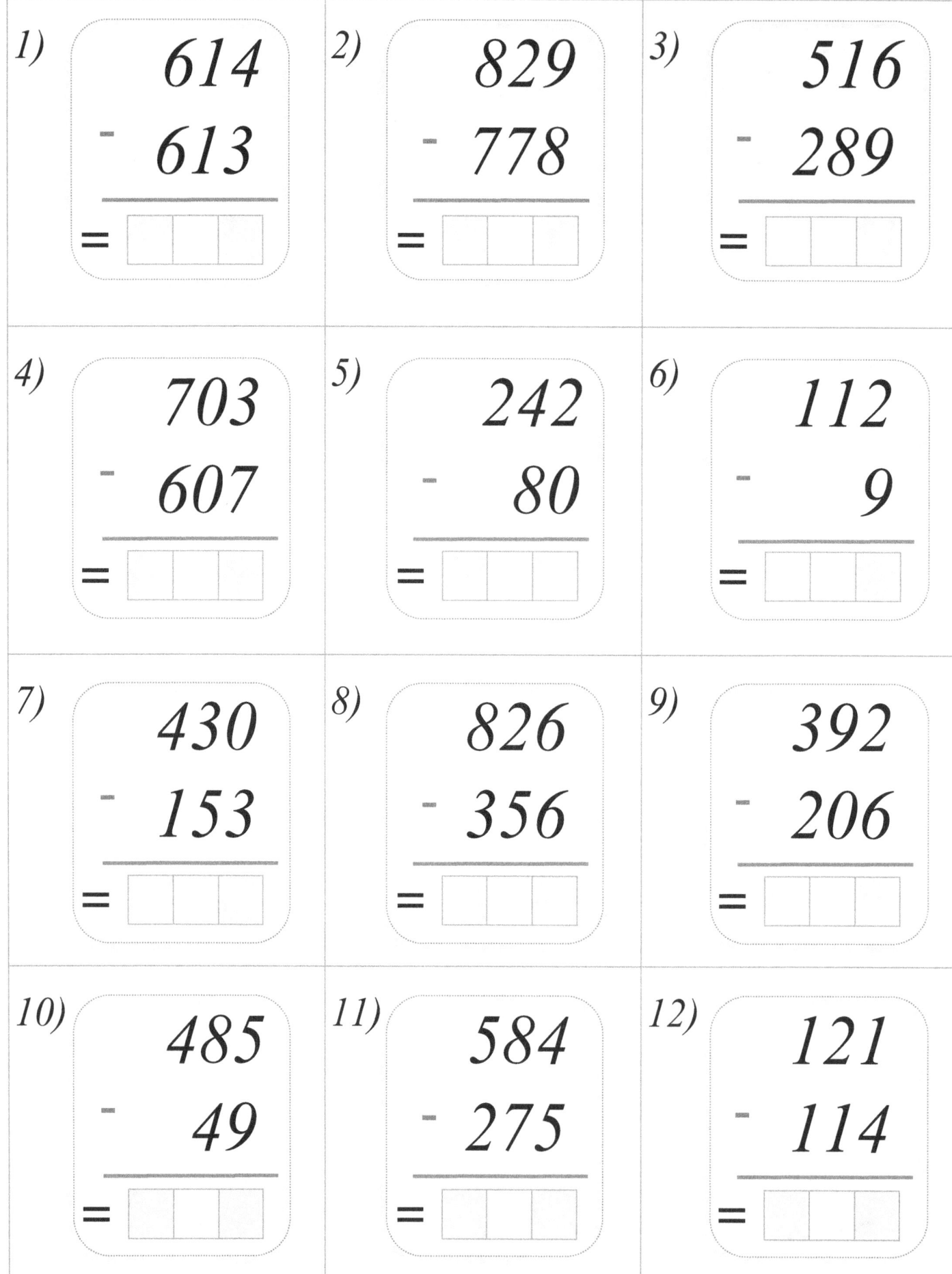

1) 614 - 613 =

2) 829 - 778 =

3) 516 - 289 =

4) 703 - 607 =

5) 242 - 80 =

6) 112 - 9 =

7) 430 - 153 =

8) 826 - 356 =

9) 392 - 206 =

10) 485 - 49 =

11) 584 - 275 =

12) 121 - 114 =

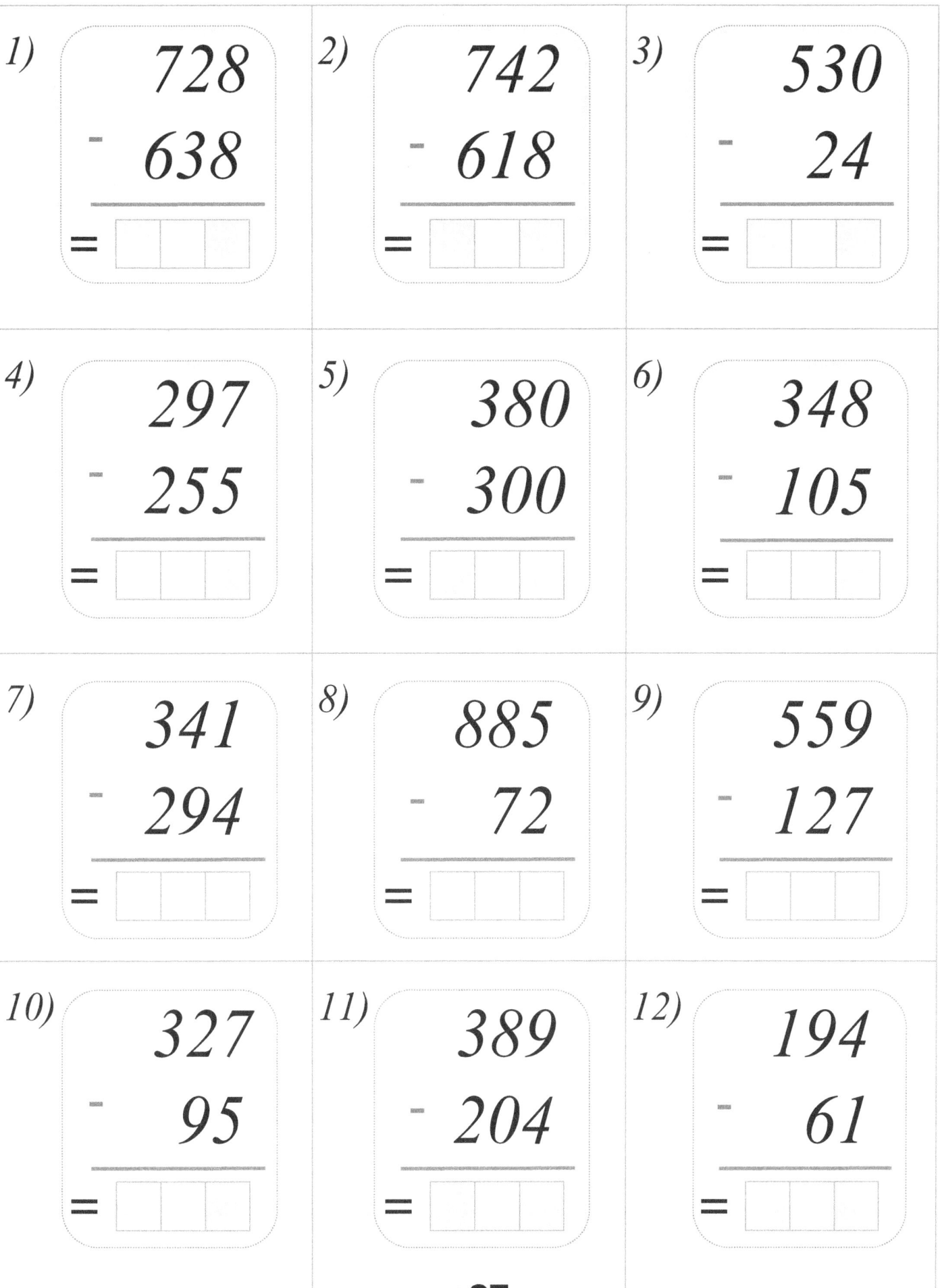

1)
728
- 638
=

2)
742
- 618
=

3)
530
- 24
=

4)
297
- 255
=

5)
380
- 300
=

6)
348
- 105
=

7)
341
- 294
=

8)
885
- 72
=

9)
559
- 127
=

10)
327
- 95
=

11)
389
- 204
=

12)
194
- 61
=

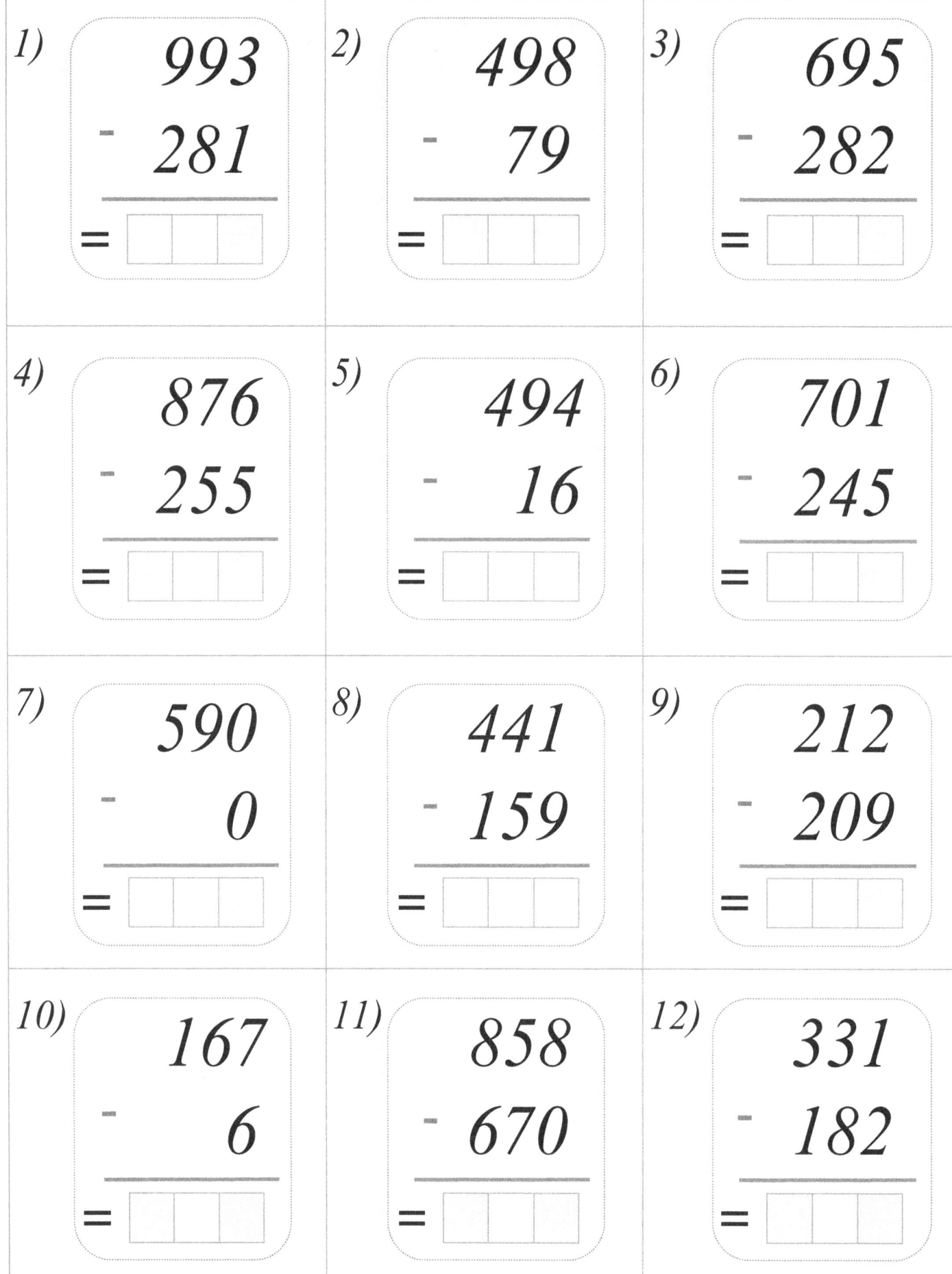

1) 993 - 281 =
2) 498 - 79 =
3) 695 - 282 =
4) 876 - 255 =
5) 494 - 16 =
6) 701 - 245 =
7) 590 - 0 =
8) 441 - 159 =
9) 212 - 209 =
10) 167 - 6 =
11) 858 - 670 =
12) 331 - 182 =

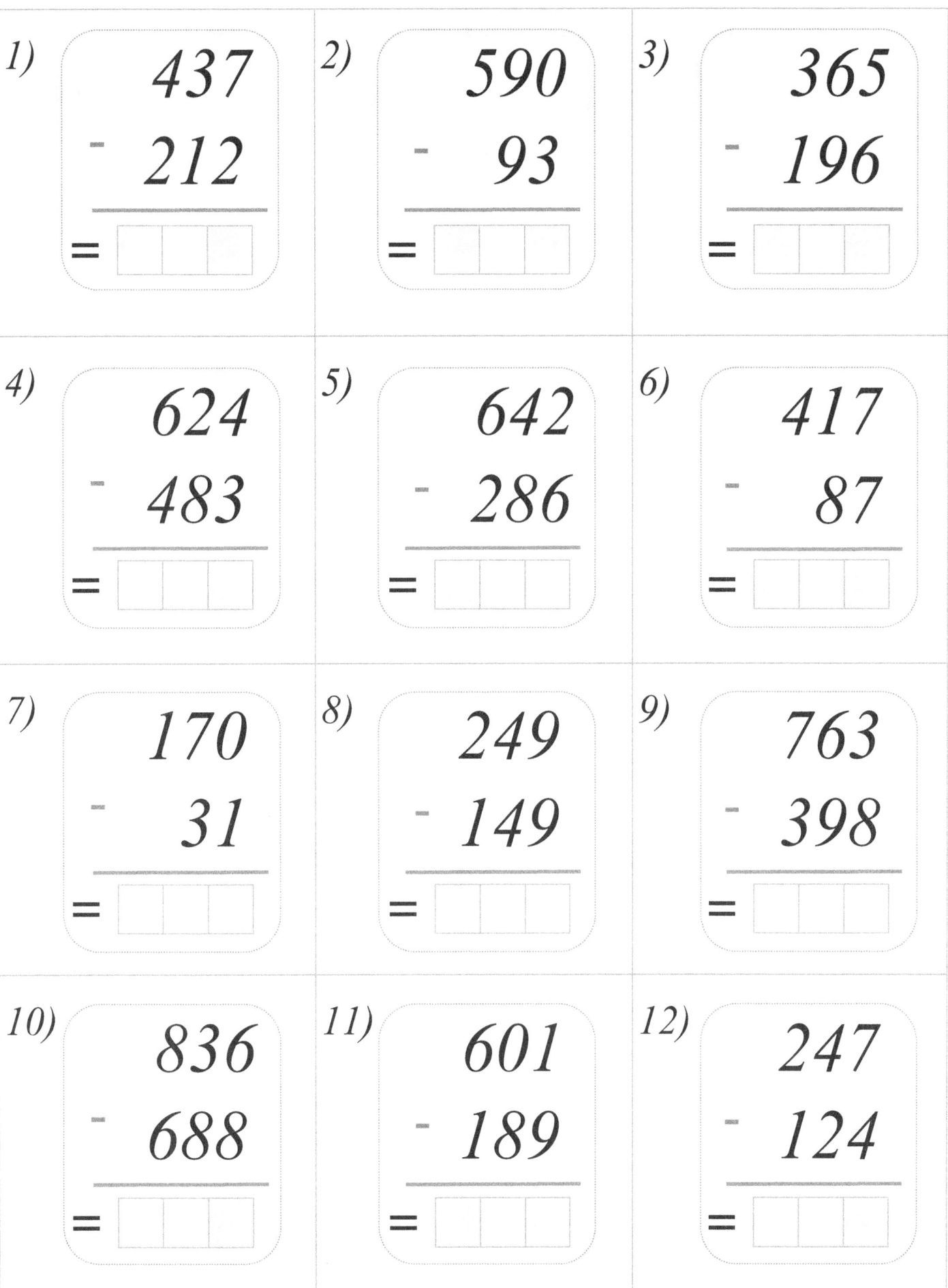

1) 437 - 212 =

2) 590 - 93 =

3) 365 - 196 =

4) 624 - 483 =

5) 642 - 286 =

6) 417 - 87 =

7) 170 - 31 =

8) 249 - 149 =

9) 763 - 398 =

10) 836 - 688 =

11) 601 - 189 =

12) 247 - 124 =

1)
$$149 - 140 =$$

2)
$$426 - 93 =$$

3)
$$250 - 7 =$$

4)
$$239 - 234 =$$

5)
$$774 - 394 =$$

6)
$$624 - 78 =$$

7)
$$848 - 427 =$$

8)
$$640 - 577 =$$

9)
$$807 - 450 =$$

10)
$$773 - 540 =$$

11)
$$687 - 439 =$$

12)
$$639 - 490 =$$

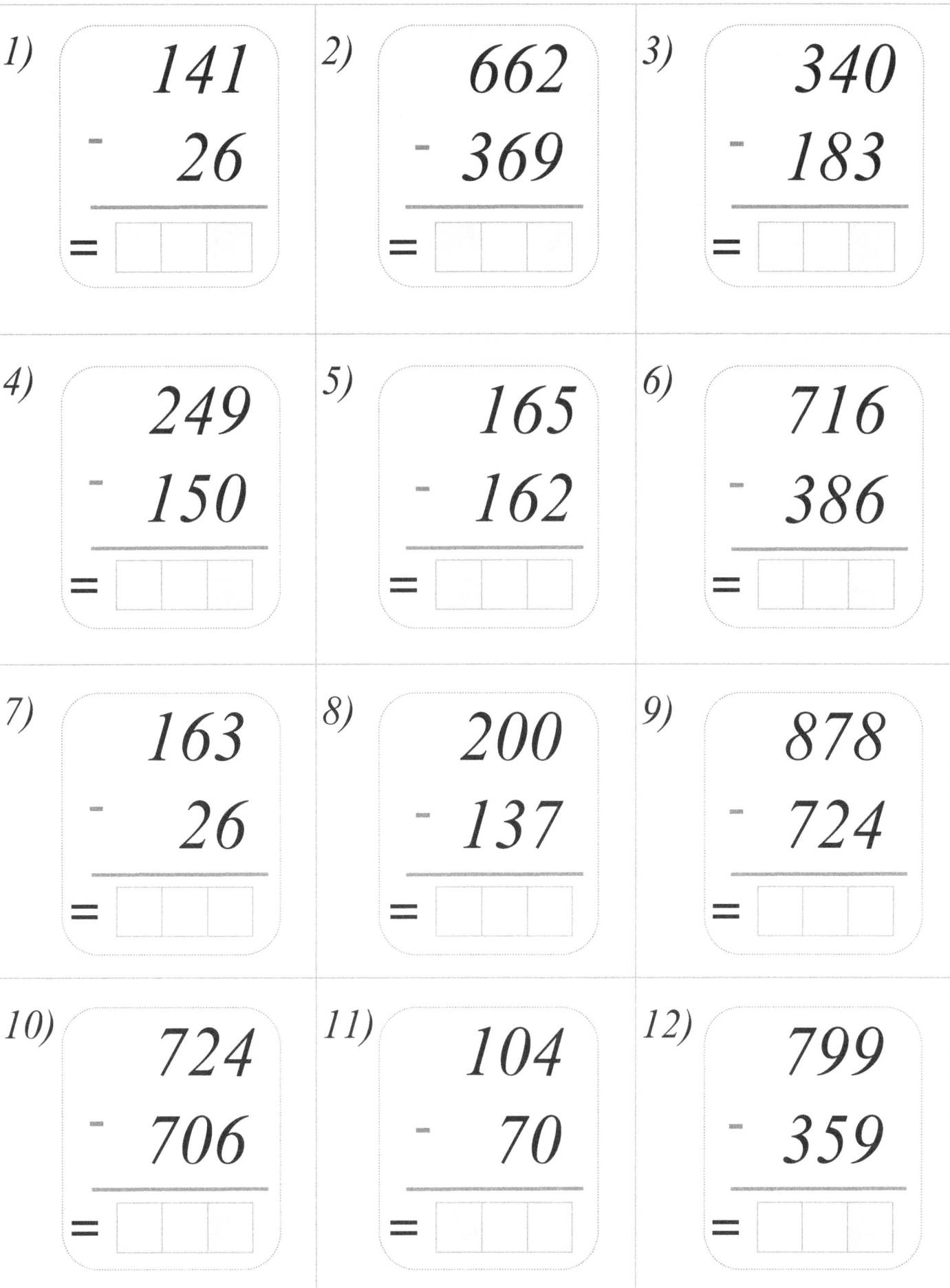

1) $141 - 26 =$ ☐☐☐

2) $662 - 369 =$ ☐☐☐

3) $340 - 183 =$ ☐☐☐

4) $249 - 150 =$ ☐☐☐

5) $165 - 162 =$ ☐☐☐

6) $716 - 386 =$ ☐☐☐

7) $163 - 26 =$ ☐☐☐

8) $200 - 137 =$ ☐☐☐

9) $878 - 724 =$ ☐☐☐

10) $724 - 706 =$ ☐☐☐

11) $104 - 70 =$ ☐☐☐

12) $799 - 359 =$ ☐☐☐

1)
$$111 - 64 =$$ ☐☐☐

2)
$$315 - 76 =$$ ☐☐☐

3)
$$642 - 95 =$$ ☐☐

4)
$$639 - 244 =$$ ☐☐☐

5)
$$125 - 110 =$$ ☐☐☐

6)
$$435 - 108 =$$ ☐☐☐

7)
$$248 - 111 =$$ ☐☐☐

8)
$$857 - 420 =$$ ☐☐☐

9)
$$283 - 215 =$$ ☐☐☐

10)
$$955 - 408 =$$ ☐☐☐

11)
$$985 - 4 =$$ ☐☐☐

12)
$$544 - 138 =$$ ☐☐☐

1) 675 - 281 =

2) 632 - 624 =

3) 659 - 252 =

4) 942 - 249 =

5) 216 - 100 =

6) 495 - 398 =

7) 903 - 572 =

8) 371 - 370 =

9) 510 - 509 =

10) 491 - 181 =

11) 179 - 150 =

12) 297 - 196 =

1) 691 − 326 = ☐☐☐

2) 906 − 617 = ☐☐☐

3) 430 − 322 = ☐☐☐

4) 532 − 203 = ☐☐☐

5) 842 − 407 = ☐☐☐

6) 179 − 142 = ☐☐☐

7) 743 − 547 = ☐☐☐

8) 520 − 178 = ☐☐☐

9) 695 − 384 = ☐☐☐

10) 837 − 11 = ☐☐☐

11) 252 − 87 = ☐☐☐

12) 115 − 111 = ☐☐☐

1) 416 − 144 =

2) 433 − 68 =

3) 370 − 355 =

4) 219 − 142 =

5) 589 − 85 =

6) 195 − 24 =

7) 445 − 400 =

8) 502 − 25 =

9) 312 − 178 =

10) 288 − 97 =

11) 733 − 173 =

12) 245 − 242 =

1)
$$277 - 64 =$$ ☐☐☐

2)
$$382 - 267 =$$ ☐☐☐

3)
$$309 - 207 =$$ ☐☐☐

4)
$$285 - 225 =$$ ☐☐☐

5)
$$641 - 403 =$$ ☐☐☐

6)
$$614 - 600 =$$ ☐☐☐

7)
$$672 - 325 =$$ ☐☐☐

8)
$$240 - 75 =$$ ☐☐☐

9)
$$890 - 454 =$$ ☐☐☐

10)
$$167 - 162 =$$ ☐☐☐

11)
$$396 - 161 =$$ ☐☐☐

12)
$$461 - 59 =$$ ☐☐☐

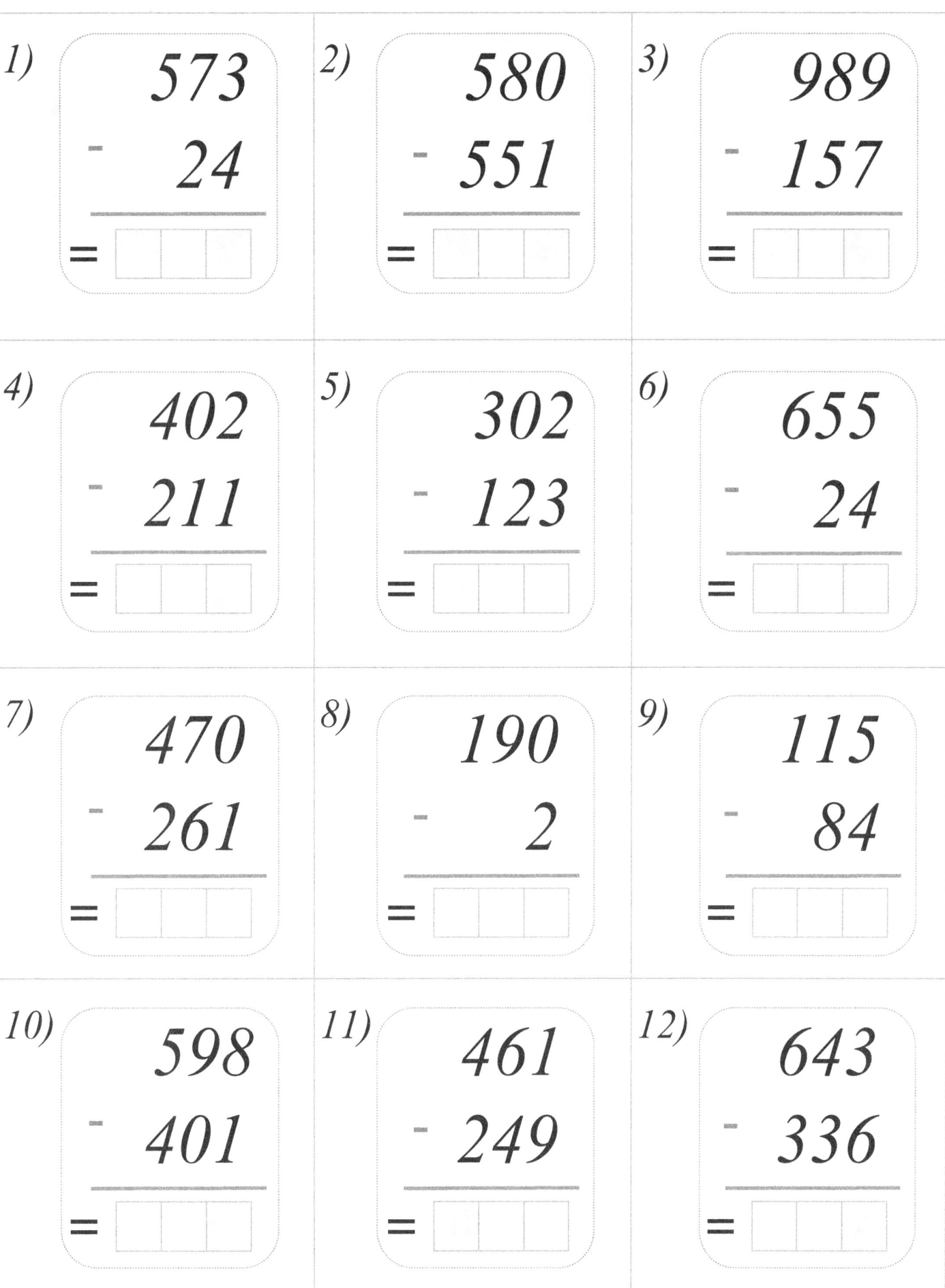

1) 573 − 24 =

2) 580 − 551 =

3) 989 − 157 =

4) 402 − 211 =

5) 302 − 123 =

6) 655 − 24 =

7) 470 − 261 =

8) 190 − 2 =

9) 115 − 84 =

10) 598 − 401 =

11) 461 − 249 =

12) 643 − 336 =

1) 488 − 259 = [ ][ ][ ]

2) 917 − 605 = [ ][ ][ ]

3) 143 − 45 = [ ][ ][ ]

4) 621 − 321 = [ ][ ][ ]

5) 656 − 488 = [ ][ ][ ]

6) 640 − 252 = [ ][ ][ ]

7) 461 − 179 = [ ][ ][ ]

8) 876 − 105 = [ ][ ][ ]

9) 661 − 649 = [ ][ ][ ]

10) 764 − 564 = [ ][ ][ ]

11) 452 − 447 = [ ][ ][ ]

12) 192 − 84 = [ ][ ][ ]

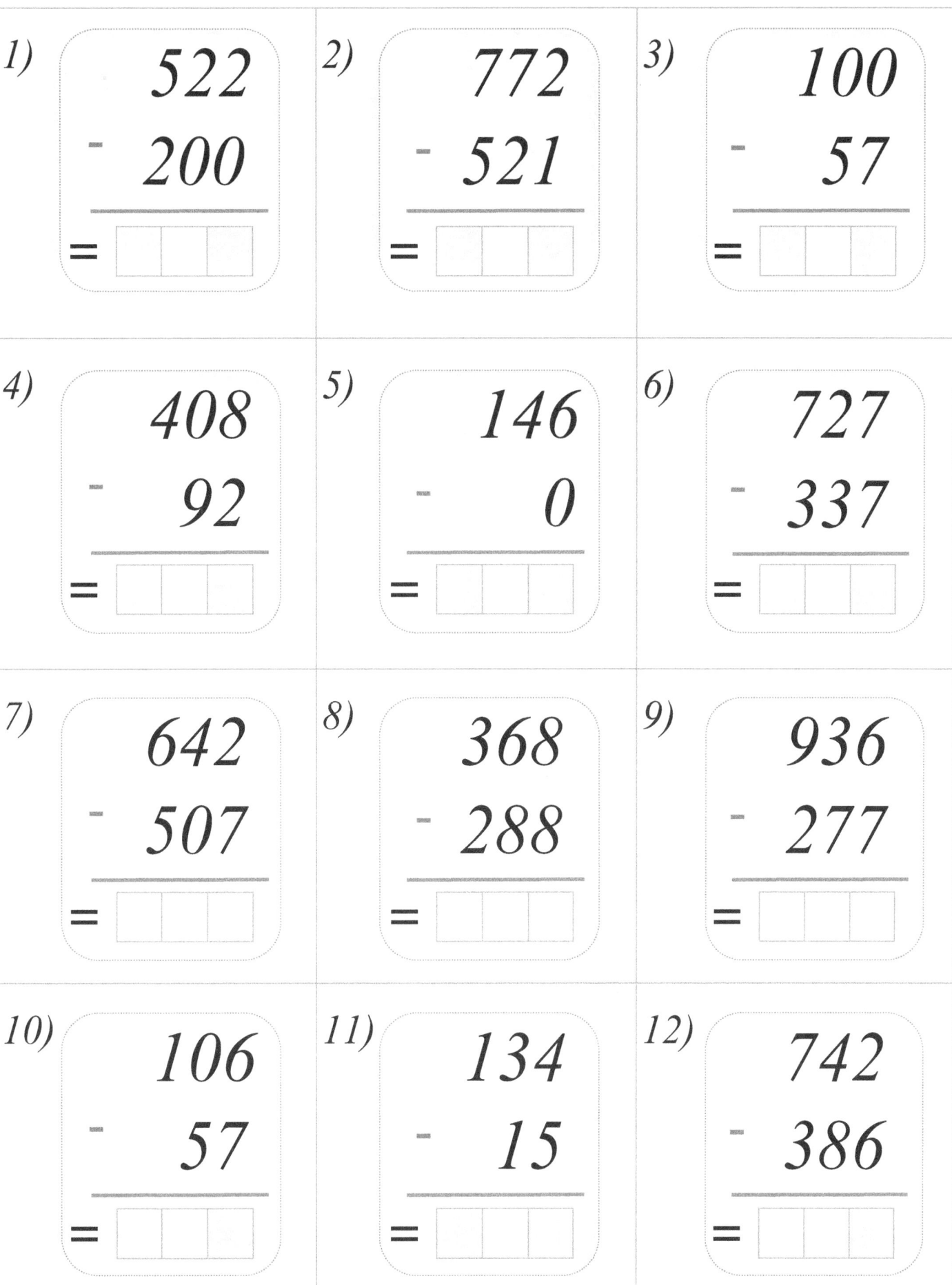

1) 522 - 200 =

2) 772 - 521 =

3) 100 - 57 =

4) 408 - 92 =

5) 146 - 0 =

6) 727 - 337 =

7) 642 - 507 =

8) 368 - 288 =

9) 936 - 277 =

10) 106 - 57 =

11) 134 - 15 =

12) 742 - 386 =

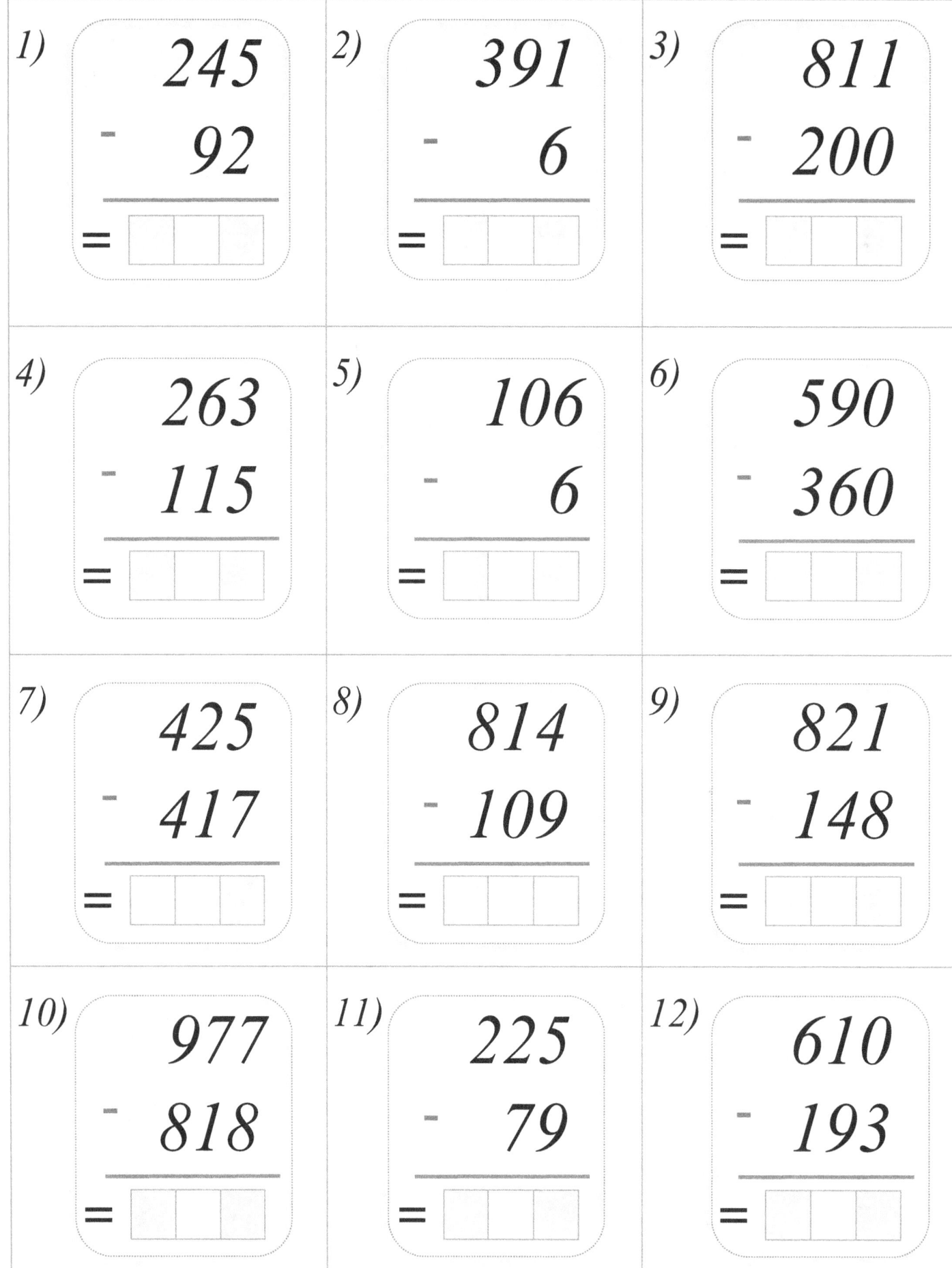

1) 245 − 92 =

2) 391 − 6 =

3) 811 − 200 =

4) 263 − 115 =

5) 106 − 6 =

6) 590 − 360 =

7) 425 − 417 =

8) 814 − 109 =

9) 821 − 148 =

10) 977 − 818 =

11) 225 − 79 =

12) 610 − 193 =

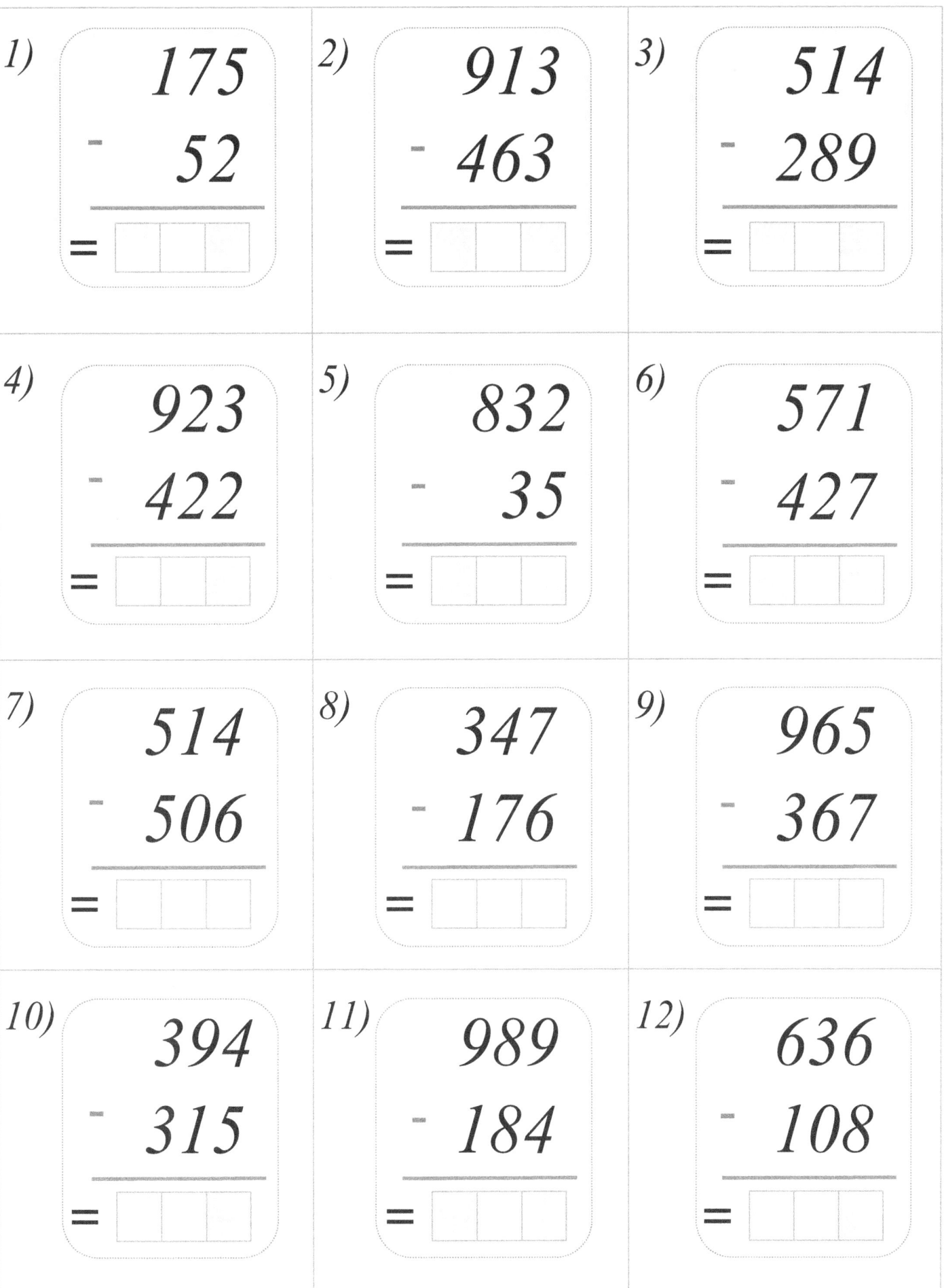

1) 175 − 52 =

2) 913 − 463 =

3) 514 − 289 =

4) 923 − 422 =

5) 832 − 35 =

6) 571 − 427 =

7) 514 − 506 =

8) 347 − 176 =

9) 965 − 367 =

10) 394 − 315 =

11) 989 − 184 =

12) 636 − 108 =

1)
$$919 - 86 =$$ ☐☐☐

2)
$$724 - 670 =$$ ☐☐☐

3)
$$509 - 324 =$$ ☐☐☐

4)
$$133 - 51 =$$ ☐☐☐

5)
$$955 - 782 =$$ ☐☐☐

6)
$$500 - 33 =$$ ☐☐☐

7)
$$258 - 214 =$$ ☐☐☐

8)
$$748 - 527 =$$ ☐☐☐

9)
$$293 - 136 =$$ ☐☐☐

10)
$$775 - 128 =$$ ☐☐☐

11)
$$327 - 35 =$$ ☐☐☐

12)
$$522 - 193 =$$ ☐☐☐

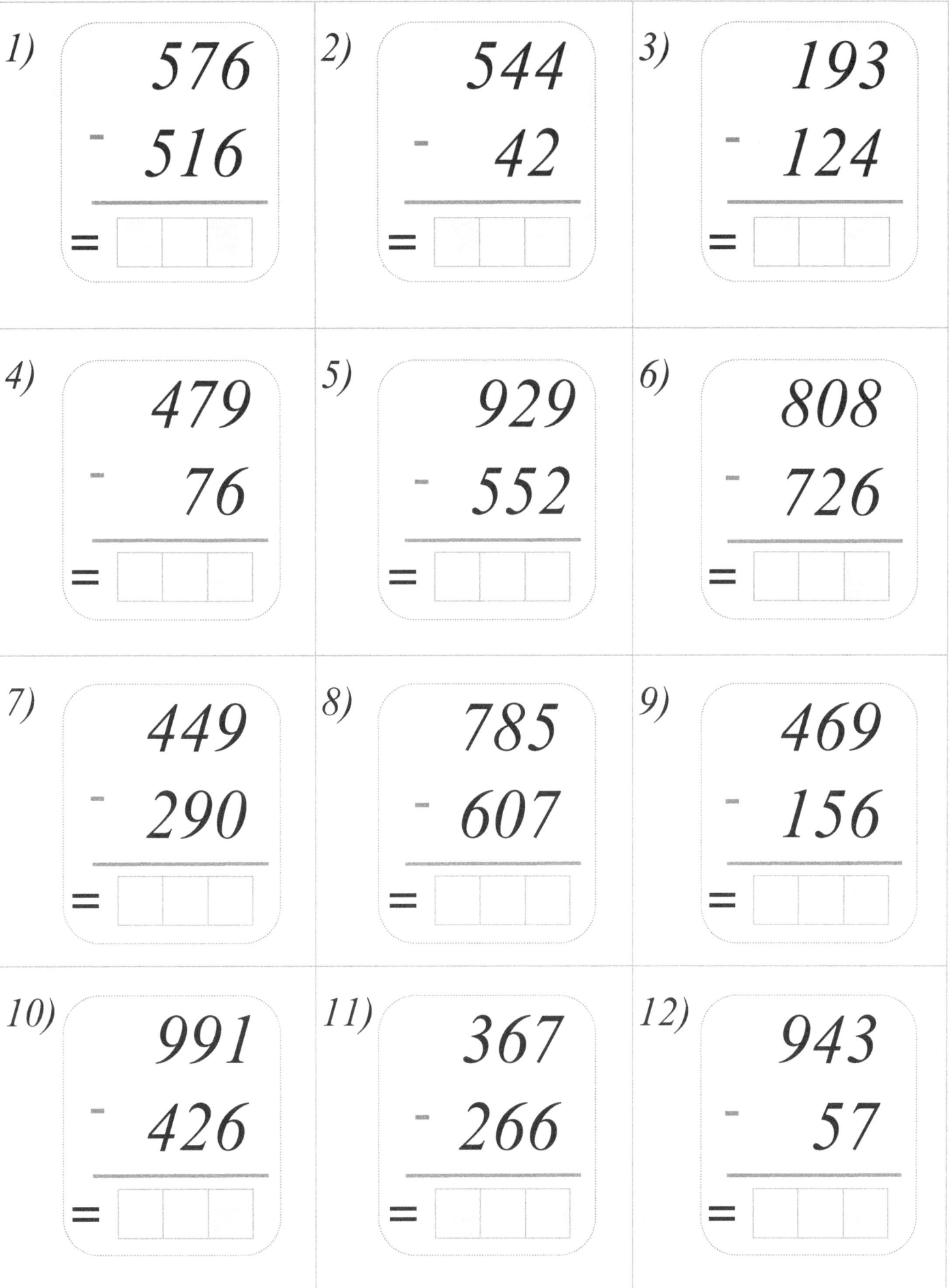

1) 576 − 516 =

2) 544 − 42 =

3) 193 − 124 =

4) 479 − 76 =

5) 929 − 552 =

6) 808 − 726 =

7) 449 − 290 =

8) 785 − 607 =

9) 469 − 156 =

10) 991 − 426 =

11) 367 − 266 =

12) 943 − 57 =

1)
$$207 - 108 =$$ ☐☐☐

2)
$$225 - 97 =$$ ☐☐☐

3)
$$538 - 175 =$$ ☐☐☐

4)
$$866 - 611 =$$ ☐☐☐

5)
$$639 - 546 =$$ ☐☐☐

6)
$$419 - 127 =$$ ☐☐☐

7)
$$340 - 142 =$$ ☐☐☐

8)
$$564 - 521 =$$ ☐☐☐

9)
$$359 - 292 =$$ ☐☐☐

10)
$$566 - 380 =$$ ☐☐☐

11)
$$727 - 518 =$$ ☐☐☐

12)
$$706 - 465 =$$ ☐☐☐

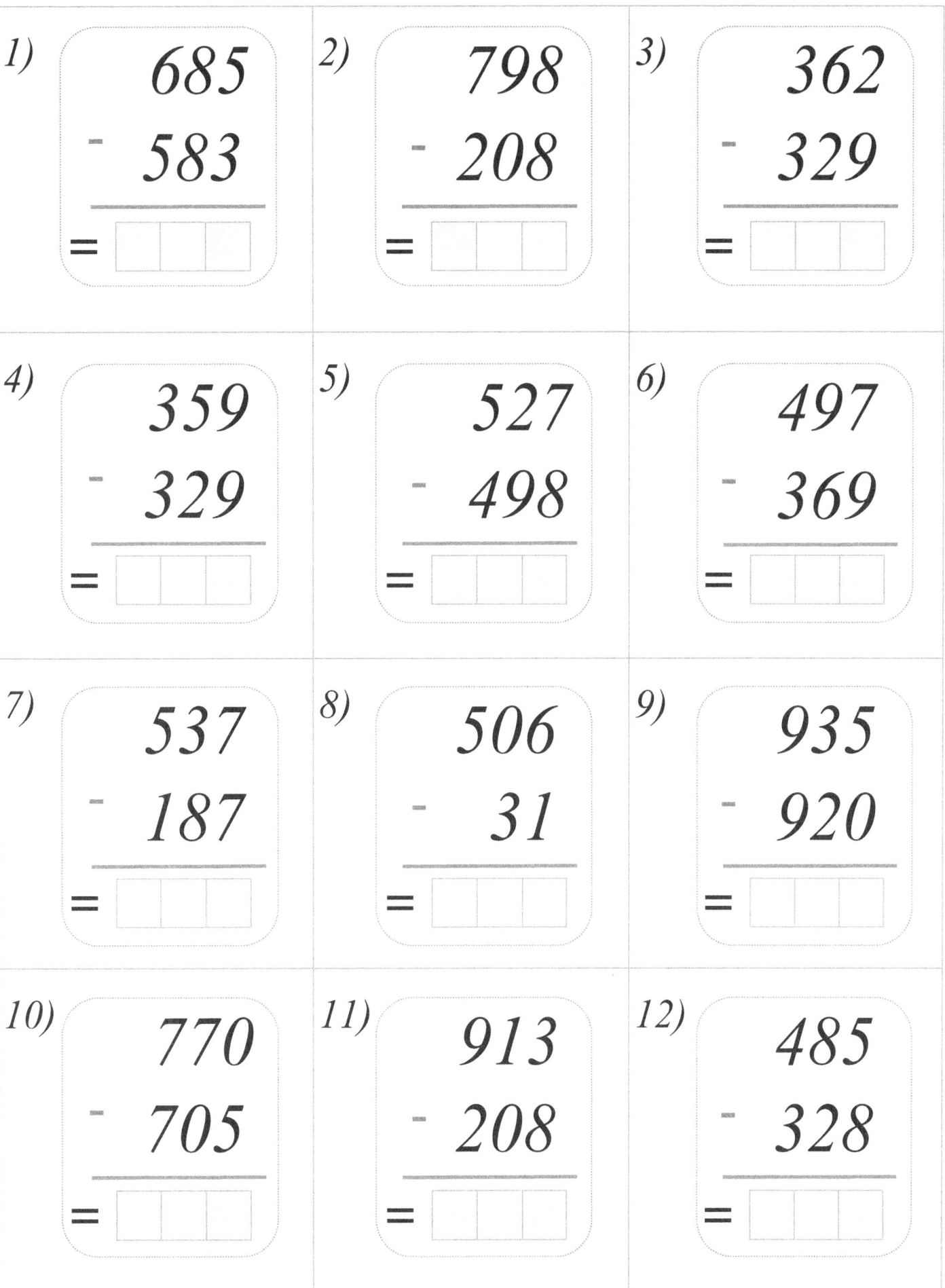

1) 685 - 583 =

2) 798 - 208 =

3) 362 - 329 =

4) 359 - 329 =

5) 527 - 498 =

6) 497 - 369 =

7) 537 - 187 =

8) 506 - 31 =

9) 935 - 920 =

10) 770 - 705 =

11) 913 - 208 =

12) 485 - 328 =

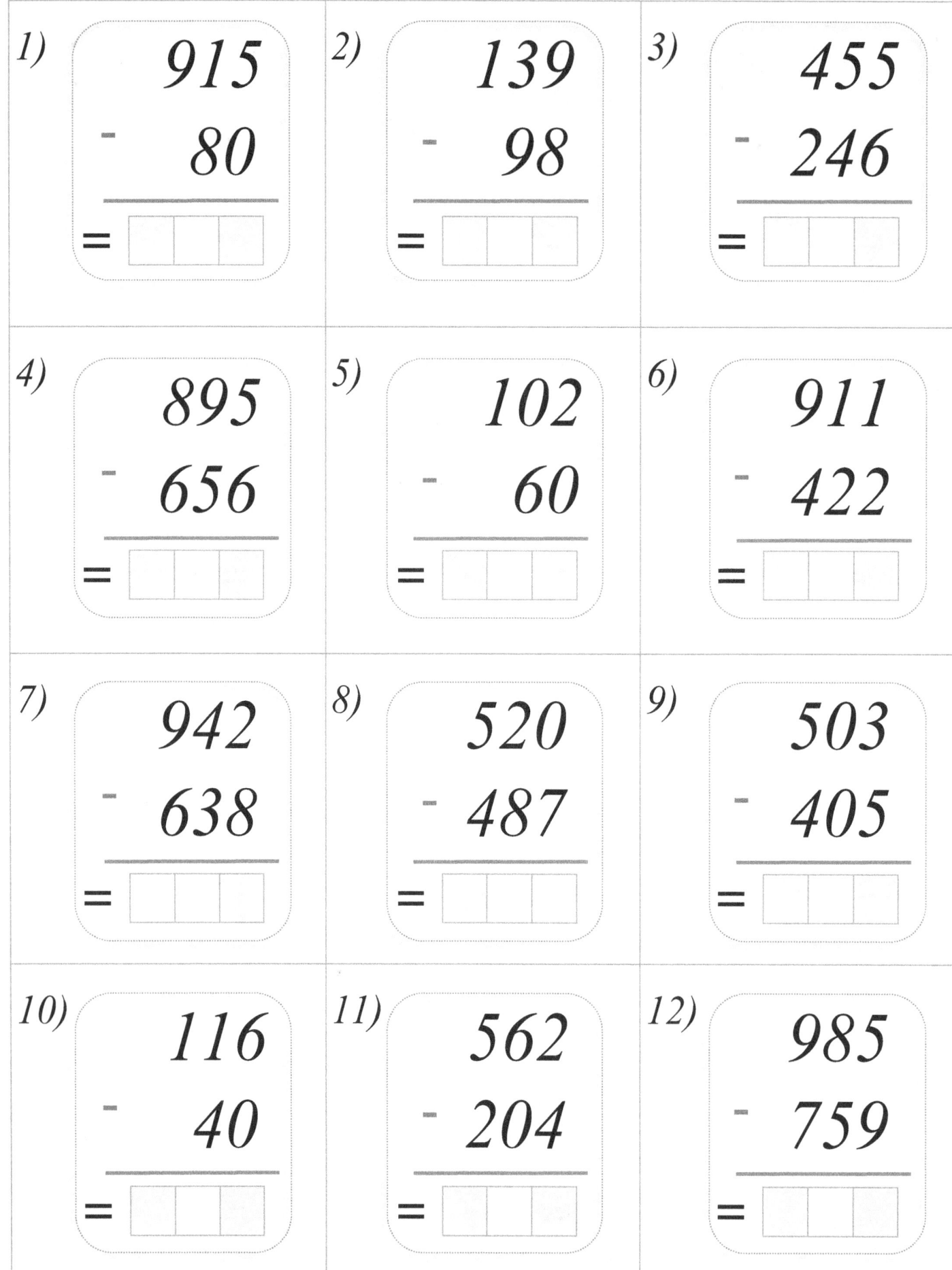

1) 915 - 80 =

2) 139 - 98 =

3) 455 - 246 =

4) 895 - 656 =

5) 102 - 60 =

6) 911 - 422 =

7) 942 - 638 =

8) 520 - 487 =

9) 503 - 405 =

10) 116 - 40 =

11) 562 - 204 =

12) 985 - 759 =

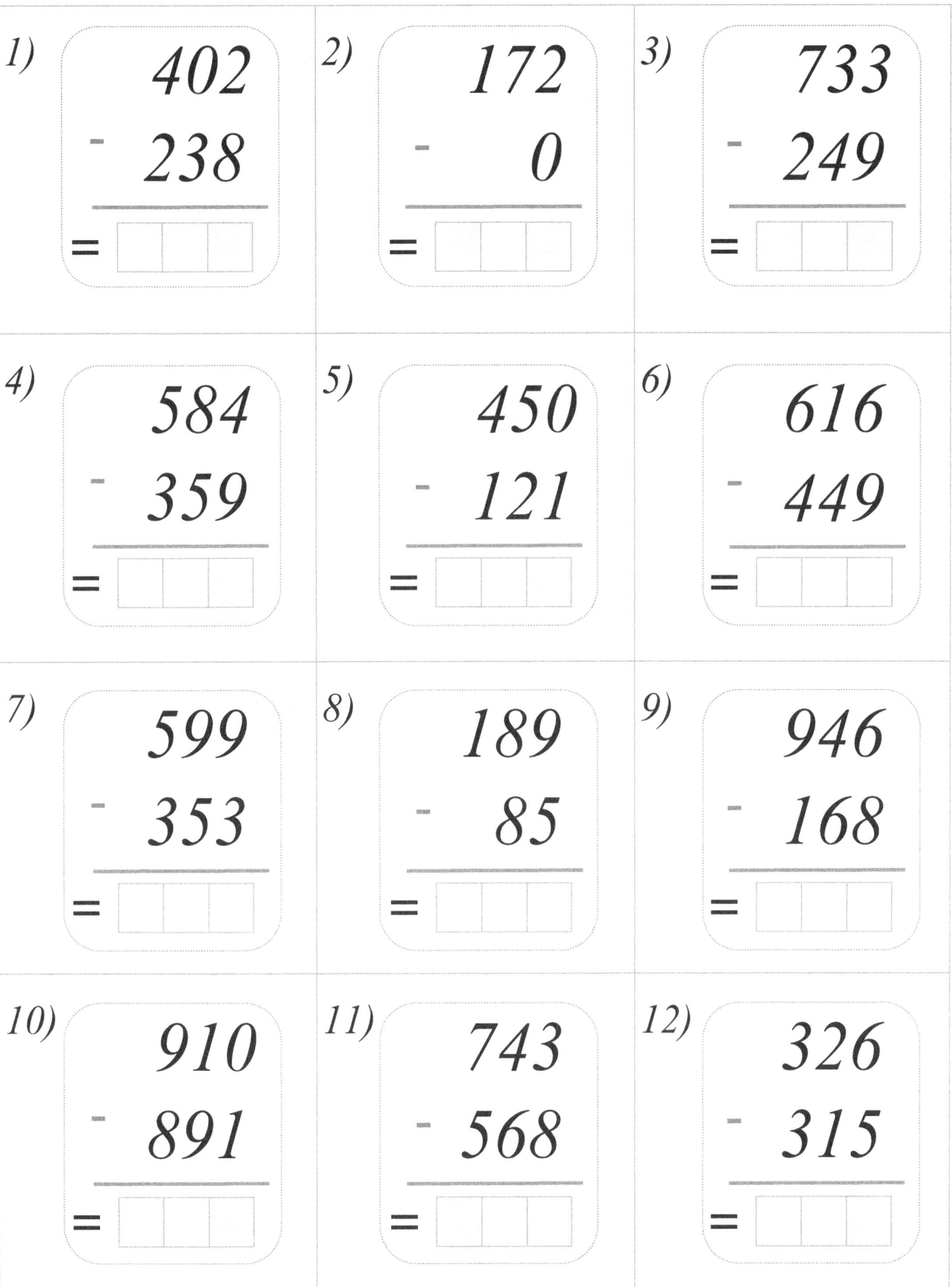

1) 402 - 238 =

2) 172 - 0 =

3) 733 - 249 =

4) 584 - 359 =

5) 450 - 121 =

6) 616 - 449 =

7) 599 - 353 =

8) 189 - 85 =

9) 946 - 168 =

10) 910 - 891 =

11) 743 - 568 =

12) 326 - 315 =

1)
$$301 - 65 =$$

2)
$$228 - 211 =$$

3)
$$767 - 633 =$$

4)
$$618 - 506 =$$

5)
$$505 - 141 =$$

6)
$$907 - 48 =$$

7)
$$158 - 156 =$$

8)
$$642 - 403 =$$

9)
$$872 - 576 =$$

10)
$$416 - 248 =$$

11)
$$867 - 726 =$$

12)
$$171 - 158 =$$

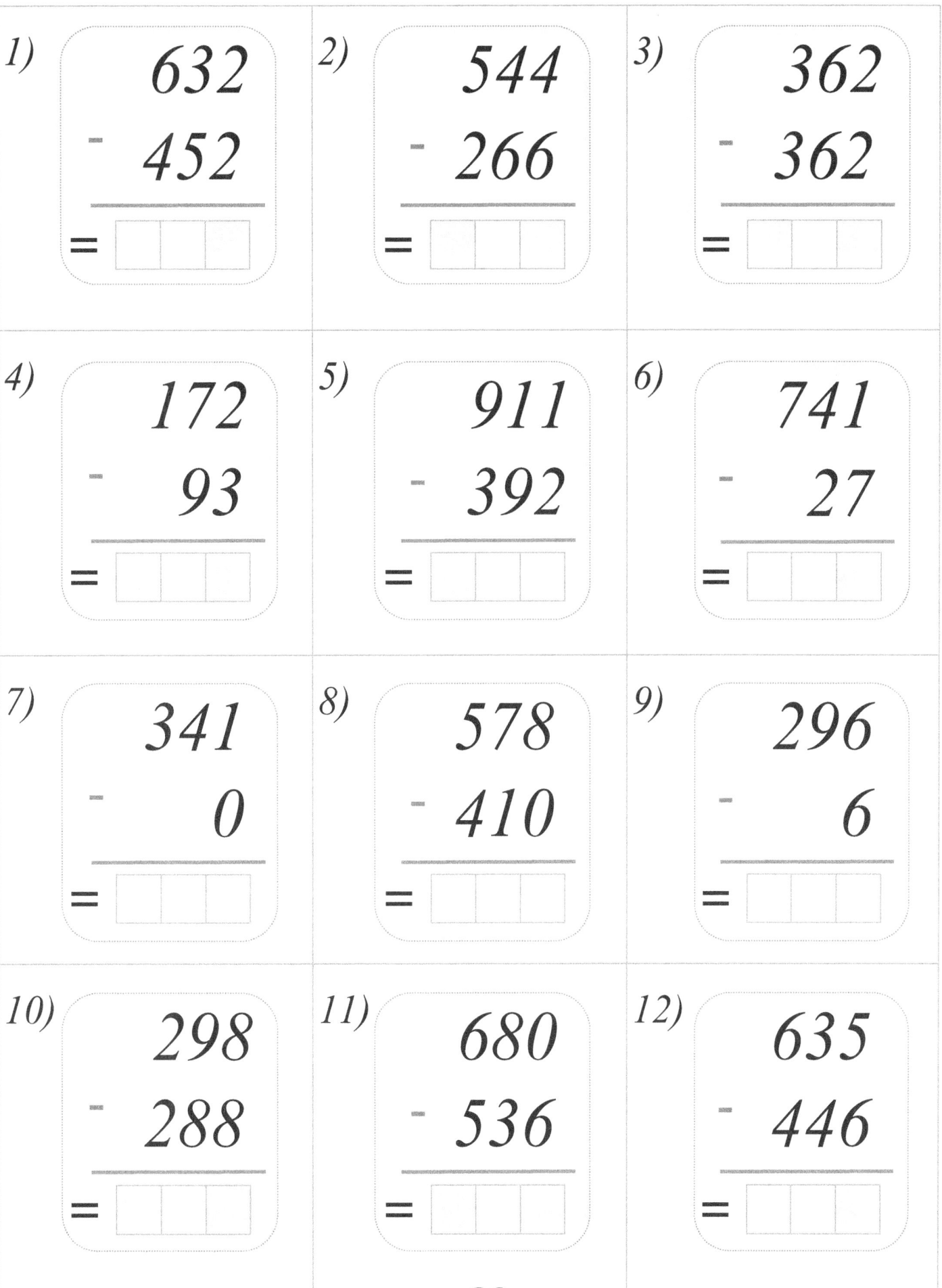

1) 632 − 452 =

2) 544 − 266 =

3) 362 − 362 =

4) 172 − 93 =

5) 911 − 392 =

6) 741 − 27 =

7) 341 − 0 =

8) 578 − 410 =

9) 296 − 6 =

10) 298 − 288 =

11) 680 − 536 =

12) 635 − 446 =

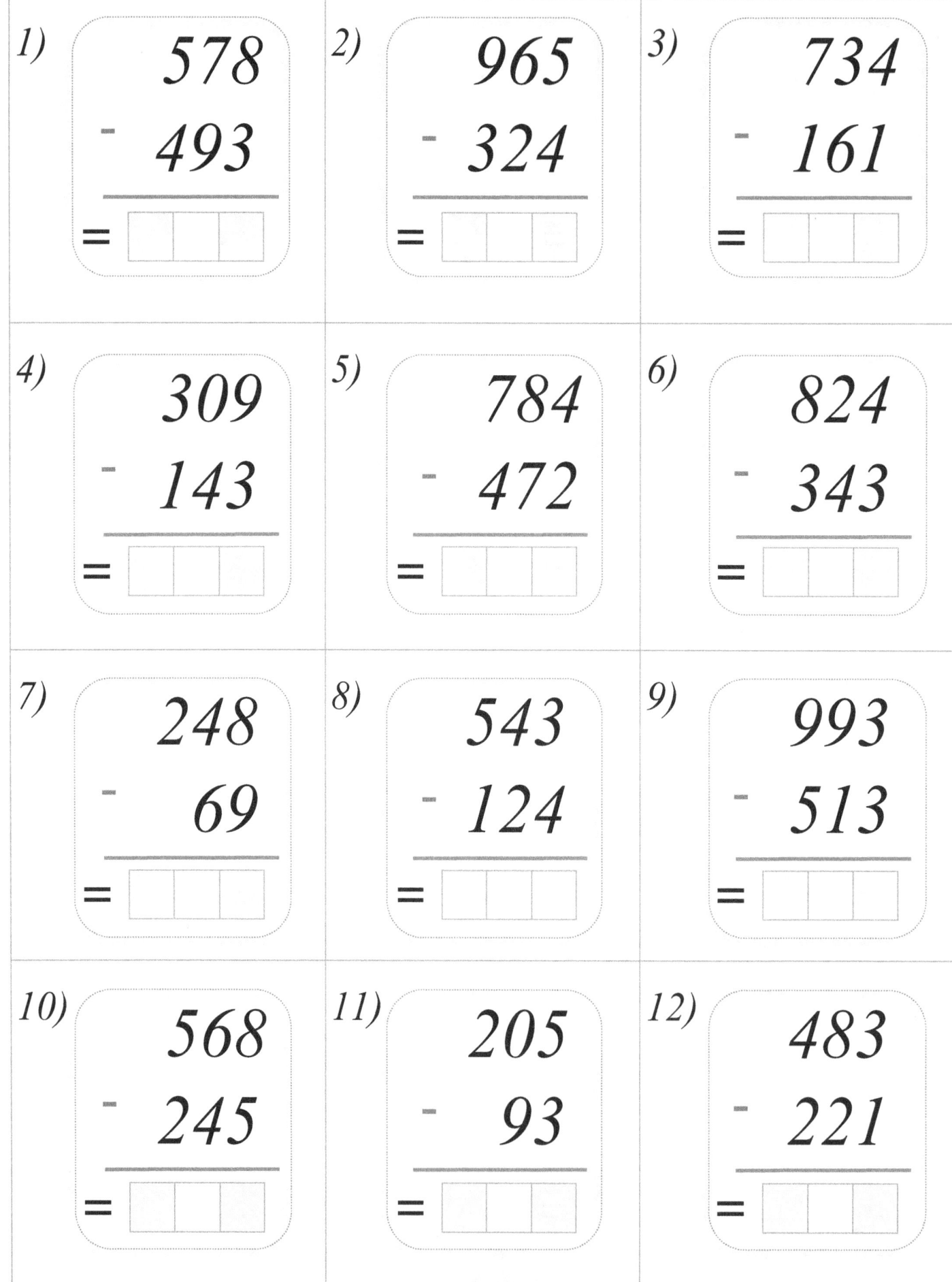

1) 578 − 493 =

2) 965 − 324 =

3) 734 − 161 =

4) 309 − 143 =

5) 784 − 472 =

6) 824 − 343 =

7) 248 − 69 =

8) 543 − 124 =

9) 993 − 513 =

10) 568 − 245 =

11) 205 − 93 =

12) 483 − 221 =

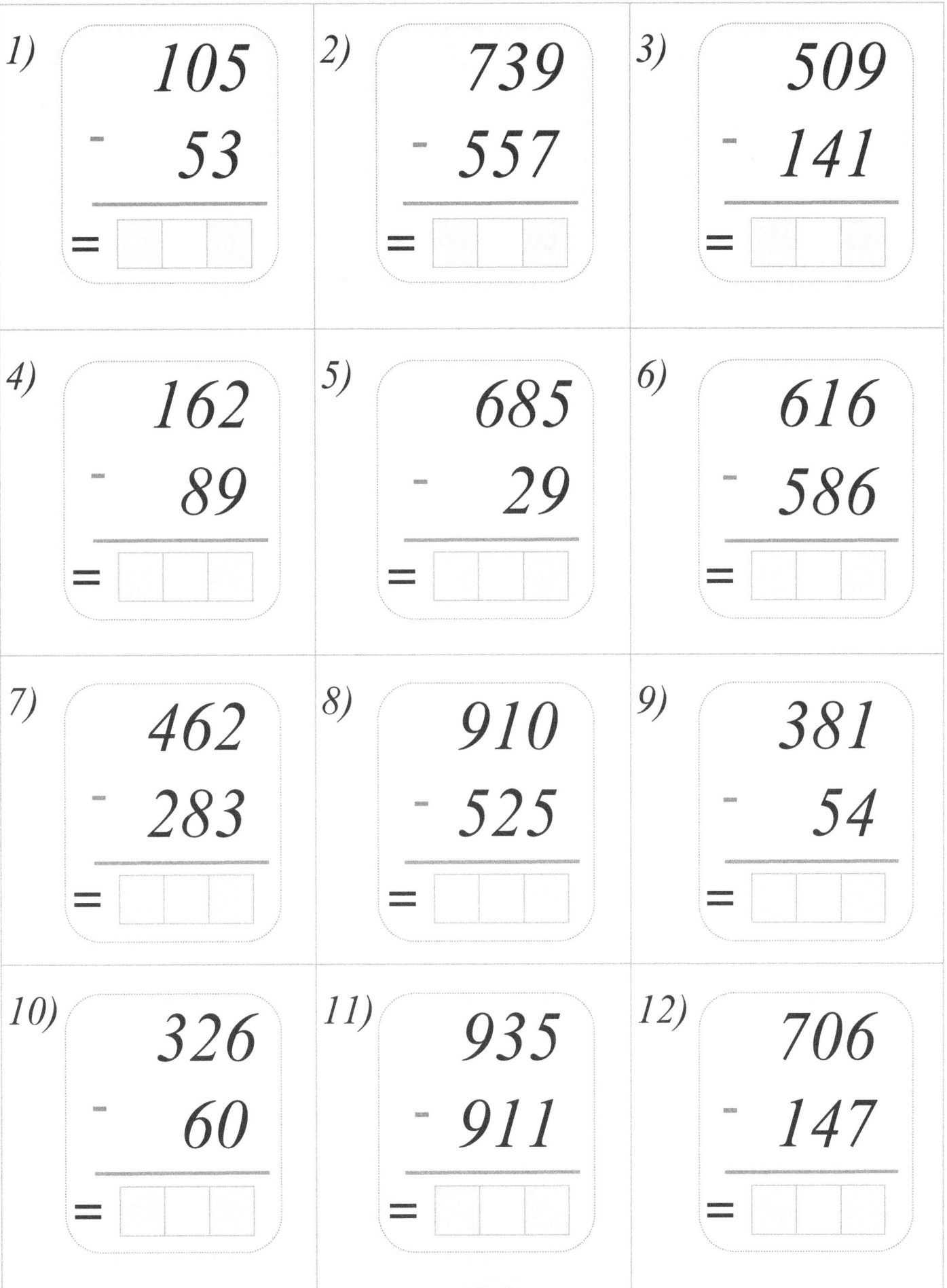

1) 105 - 53 = ☐☐☐

2) 739 - 557 = ☐☐☐

3) 509 - 141 = ☐☐☐

4) 162 - 89 = ☐☐☐

5) 685 - 29 = ☐☐☐

6) 616 - 586 = ☐☐☐

7) 462 - 283 = ☐☐☐

8) 910 - 525 = ☐☐☐

9) 381 - 54 = ☐☐☐

10) 326 - 60 = ☐☐☐

11) 935 - 911 = ☐☐☐

12) 706 - 147 = ☐☐☐

1)
$$253 - 124 =$$ ☐☐☐

2)
$$325 - 111 =$$ ☐☐☐

3)
$$887 - 715 =$$ ☐☐☐

4)
$$442 - 214 =$$ ☐☐☐

5)
$$292 - 189 =$$ ☐☐☐

6)
$$713 - 21 =$$ ☐☐☐

7)
$$255 - 52 =$$ ☐☐☐

8)
$$106 - 91 =$$ ☐☐☐

9)
$$257 - 11 =$$ ☐☐☐

10)
$$756 - 212 =$$ ☐☐☐

11)
$$865 - 380 =$$ ☐☐☐

12)
$$603 - 407 =$$ ☐☐☐

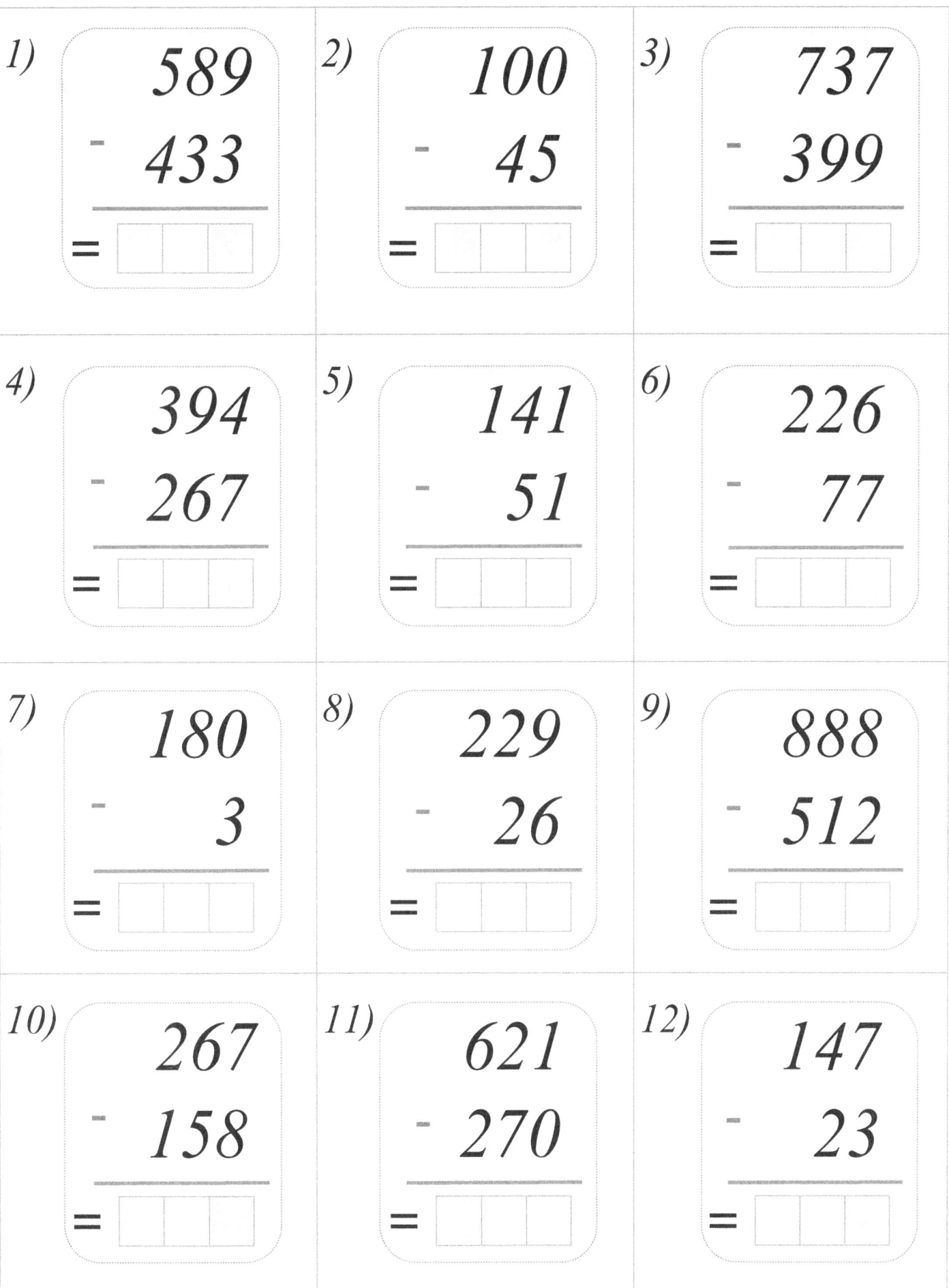

1) 589
  - 433
  = ☐☐☐

2) 100
  - 45
  = ☐☐☐

3) 737
  - 399
  = ☐☐☐

4) 394
  - 267
  = ☐☐☐

5) 141
  - 51
  = ☐☐☐

6) 226
  - 77
  = ☐☐☐

7) 180
  -   3
  = ☐☐☐

8) 229
  - 26
  = ☐☐☐

9) 888
  - 512
  = ☐☐☐

10) 267
  - 158
  = ☐☐☐

11) 621
  - 270
  = ☐☐☐

12) 147
  - 23
  = ☐☐☐

1)
$$391 - 120 =$$

2)
$$437 - 39 =$$

3)
$$800 - 545 =$$

4)
$$676 - 618 =$$

5)
$$857 - 32 =$$

6)
$$294 - 31 =$$

7)
$$682 - 406 =$$

8)
$$885 - 516 =$$

9)
$$850 - 596 =$$

10)
$$107 - 59 =$$

11)
$$664 - 219 =$$

12)
$$250 - 84 =$$

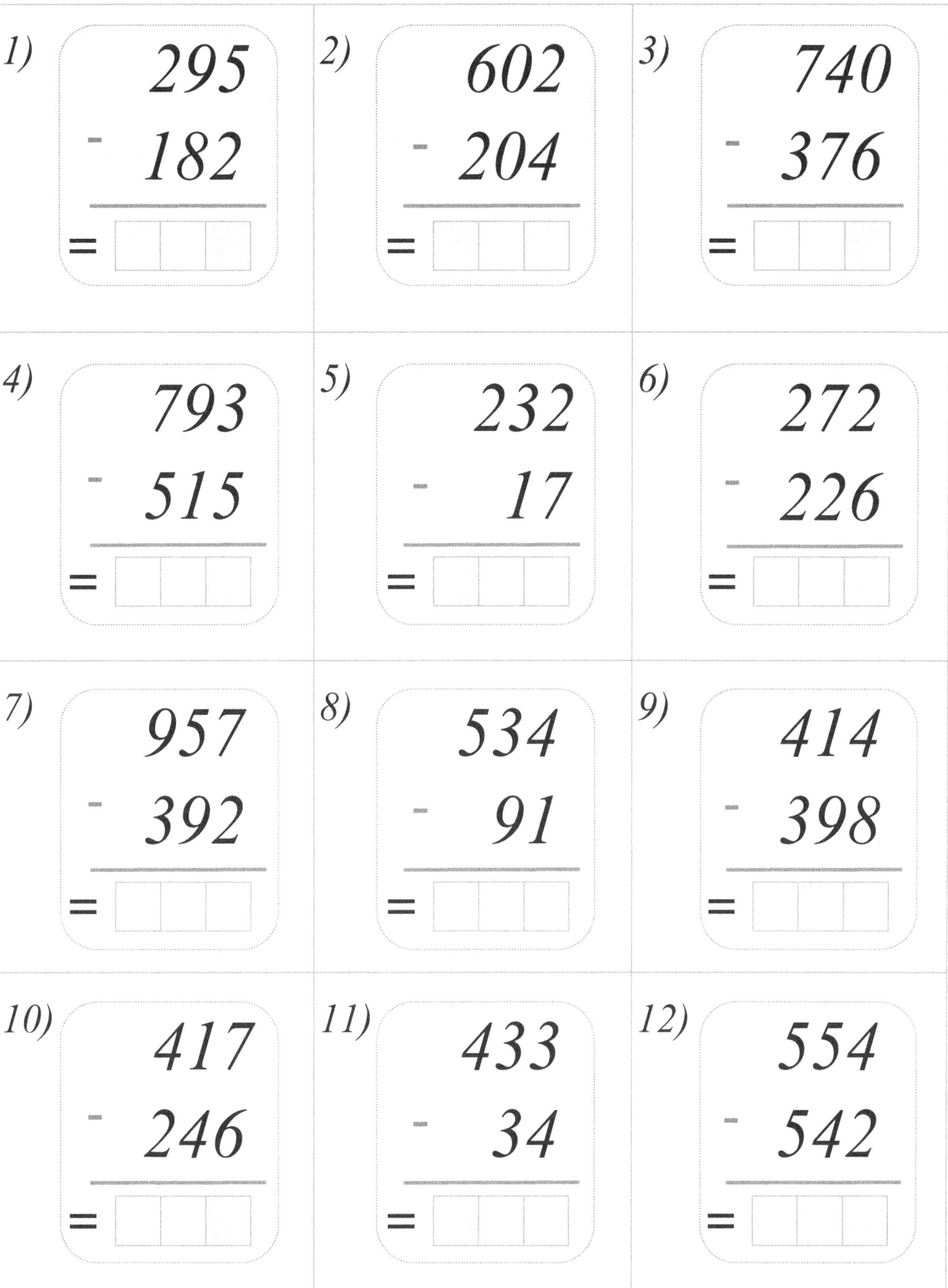

1) 295 - 182 =

2) 602 - 204 =

3) 740 - 376 =

4) 793 - 515 =

5) 232 - 17 =

6) 272 - 226 =

7) 957 - 392 =

8) 534 - 91 =

9) 414 - 398 =

10) 417 - 246 =

11) 433 - 34 =

12) 554 - 542 =

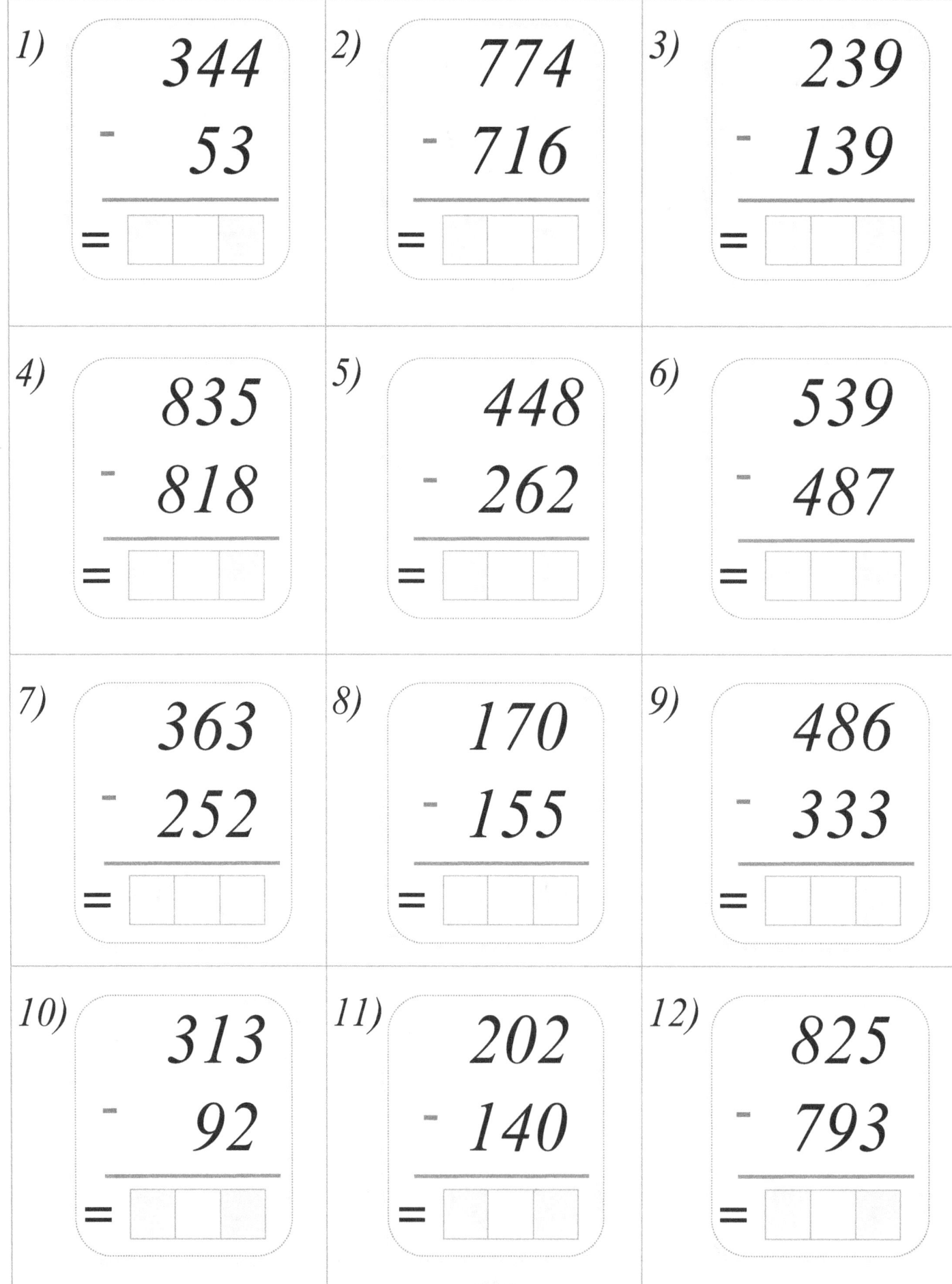

1) 344 - 53 =

2) 774 - 716 =

3) 239 - 139 =

4) 835 - 818 =

5) 448 - 262 =

6) 539 - 487 =

7) 363 - 252 =

8) 170 - 155 =

9) 486 - 333 =

10) 313 - 92 =

11) 202 - 140 =

12) 825 - 793 =

P : « 1 »

1) 2+3= **5**   7) 3+9= **12**

2) 0+9= **9**   8) 8+8= **16**

3) 8+6= **14**   9) 5+1= **6**

4) 9+6= **15**   10) 5+6= **11**

5) 2+5= **7**   11) 6+2= **8**

6) 0+7= **7**   12) 4+2= **6**

P : « 2 »

1) 9+1= **10**   7) 4+7= **11**

2) 7+5= **12**   8) 2+1= **3**

3) 6+9= **15**   9) 6+2= **8**

4) 4+5= **9**   10) 2+8= **10**

5) 9+2= **11**   11) 7+2= **9**

6) 0+2= **2**   12) 4+5= **9**

P : « 3 »

1) 0+1= **1**   7) 9+7= **16**

2) 7+9= **16**   8) 6+8= **14**

3) 5+8= **13**   9) 8+3= **11**

4) 2+1= **3**   10) 1+8= **9**

5) 0+0= **0**   11) 7+3= **10**

6) 9+4= **13**   12) 5+5= **10**

P : « 4 »

1) 0+8= **8**   7) 7+9= **16**

2) 7+5= **12**   8) 6+5= **11**

3) 6+9= **15**   9) 1+3= **4**

4) 7+5= **12**   10) 3+7= **10**

5) 5+7= **12**   11) 4+8= **12**

6) 5+3= **8**   12) 7+2= **9**

P : « 5 »

1) 0+9= **9**   7) 7+4= **11**

2) 1+8= **9**   8) 1+6= **7**

3) 1+9= **10**   9) 8+1= **9**

4) 3+1= **4**   10) 3+6= **9**

5) 3+4= **7**   11) 3+1= **4**

6) 8+8= **16**   12) 0+7= **7**

P : « 6 »

1) 23+45= **68**   7) 45+37= **82**

2) 70+56= **126**   8) 86+35= **121**

3) 20+60= **80**   9) 24+46= **70**

4) 11+61= **72**   10) 56+95= **151**

5) 44+95= **139**   11) 69+96= **165**

6) 10+66= **76**   12) 95+84= **179**

P : « 7 »

1) 39+20= **59**   7) 70+49= **119**

2) 93+18= **111**   8) 44+60= **104**

3) 93+23= **116**   9) 14+32= **46**

4) 66+38= **104**   10) 52+11= **63**

5) 66+50= **116**   11) 48+81= **129**

6) 86+62= **148**   12) 93+32= **125**

P : « 8 »

1) 82+83= **165**   7) 66+99= **165**

2) 75+22= **97**   8) 71+42= **113**

3) 36+11= **47**   9) 39+23= **62**

4) 96+14= **110**   10) 59+73= **132**

5) 26+59= **85**   11) 16+14= **30**

6) 44+81= **125**   12) 71+95= **166**

P : « 9 »

1) 98+53= **151**   7) 42+66= **108**

2) 11+31= **42**   8) 57+54= **111**

3) 24+79= **103**   9) 67+99= **166**

4) 49+94= **143**   10) 46+54= **100**

5) 17+93= **110**   11) 20+42= **62**

6) 14+52= **66**   12) 96+60= **156**

P : « 10 »

1) 29+19= **48**   7) 77+34= **111**

2) 62+81= **143**   8) 65+25= **90**

3) 18+25= **43**   9) 76+31= **107**

4) 48+71= **119**   10) 92+23= **115**

5) 59+70= **129**   11) 73+51= **124**

6) 73+92= **165**   12) 42+49= **91**

P : « 11 »

1) 10+92= **102**   7) 50+23= **73**

2) 85+27= **112**   8) 11+96= **107**

3) 85+26= **111**   9) 30+85= **115**

4) 65+84= **149**   10) 41+21= **62**

5) 17+58= **75**   11) 17+21= **38**

6) 59+87= **146**   12) 42+82= **124**

P : « 12 »

1) 84+94= **178**   7) 50+98= **148**

2) 46+34= **80**   8) 76+49= **125**

3) 39+52= **91**   9) 67+71= **138**

4) 66+91= **157**   10) 19+42= **61**

5) 74+25= **99**   11) 29+92= **121**

6) 59+99= **158**   12) 39+49= **88**

P : « 13 »

1) 89+99= **188**   7) 86+69= **155**

2) 64+37= **101**   8) 98+76= **174**

3) 77+98= **175**   9) 86+38= **124**

4) 53+58= **111**   10) 81+78= **159**

5) 33+65= **98**   11) 83+42= **125**

6) 84+44= **128**   12) 41+21= **62**

P : « 14 »

1) 61+49= **110**   7) 44+62= **106**

2) 10+63= **73**   8) 32+36= **68**

3) 88+54= **142**   9) 64+77= **141**

4) 34+85= **119**   10) 86+60= **146**

5) 41+99= **140**   11) 95+19= **114**

6) 44+47= **91**   12) 80+20= **100**

P : « 15 »

1) 99+65= **164**   7) 40+65= **105**

2) 75+12= **87**   8) 21+69= **90**

3) 51+76= **127**   9) 58+73= **131**

4) 82+19= **101**   10) 16+84= **100**

5) 24+21= **45**   11) 38+28= **66**

6) 95+69= **164**   12) 64+28= **92**

P : « 16 »

1) 84+71= **155**   7) 26+80= **106**

2) 70+44= **114**   8) 91+61= **152**

3) 92+49= **141**   9) 55+35= **90**

4) 18+55= **73**   10) 14+59= **73**

5) 32+68= **100**   11) 32+26= **58**

6) 52+14= **66**   12) 98+72= **170**

P : « 17 »

1) 17+79= **96**   7) 56+28= **84**

2) 99+92= **191**   8) 76+87= **163**

3) 81+70= **151**   9) 45+76= **121**

4) 73+77= **150**   10) 85+87= **172**

5) 37+13= **50**   11) 65+48= **113**

6) 97+96= **193**   12) 25+81= **106**

P : « 18 »

1) 91+58= **149**   7) 72+33= **105**

2) 21+96= **117**   8) 77+28= **105**

3) 48+23= **71**   9) 58+76= **134**

4) 49+61= **110**   10) 62+83= **145**

5) 55+21= **76**   11) 49+69= **118**

6) 81+72= **153**   12) 10+88= **98**

P : « 19 »

1) 43+65= **108**   7) 16+43= **59**

2) 60+12= **72**   8) 36+95= **131**

3) 59+18= **77**   9) 51+74= **125**

4) 84+32= **116**   10) 50+69= **119**

5) 23+26= **49**   11) 24+43= **67**

6) 36+55= **91**   12) 41+82= **123**

P : « 20 »

1) 53+44= **97**   7) 98+92= **190**

2) 59+71= **130**   8) 38+75= **113**

3) 19+83= **102**   9) 92+39= **131**

4) 16+89= **105**   10) 81+67= **148**

5) 94+24= **118**   11) 64+31= **95**

6) 17+81= **98**   12) 47+31= **78**

P : « 21 »

1) 933+968= **308**   7) 145+748= **144**

2) 585+671= **987**   8) 177+635= **340**

3) 261+356= **137**   9) 754+183= **461**

4) 486+485= **884**   10) 467+583= **153**

5) 778+723= **810**   11) 894+782= **300**

6) 820+390= **150**   12) 476+333= **371**

P : « 22 »

1) 790+618= **410**   7) 157+746= **480**

2) 537+141= **371**   8) 271+231= **215**

3) 996+225= **681**   9) 804+838= **382**

4) 849+325= **396**   10) 165+805= **720**

5) 212+424= **815**   11) 695+857= **299**

6) 592+127= **722**   12) 646+917= **841**

P : « 23 »

1) 274+943= **282**   7) 954+578= **393**

2) 644+245= **933**   8) 280+720= **515**

3) 385+898= **796**   9) 257+653= **566**

4) 821+639= **752**   10) 513+299= **147**

5) 166+661= **541**   11) 289+770= **788**

6) 330+992= **856**   12) 679+907= **922**

P : « 24 »

1) 778+591= **398**   7) 390+567= **423**

2) 293+749= **327**   8) 299+442= **842**

3) 676+300= **747**   9) 957+323= **979**

4) 910+872= **389**   10) 883+694= **170**

5) 692+882= **731**   11) 253+273= **174**

6) 294+550= **773**   12) 943+990= **576**

P : « 25 »

1) 955+814= **468**   7) 862+519= **416**

2) 726+505= **163**   8) 257+320= **980**

3) 254+158= **759**   9) 520+442= **525**

4) 535+164= **983**   10) 884+682= **968**

5) 782+277= **599**   11) 705+715= **376**

6) 698+212= **952**   12) 819+935= **650**

P : « 26 »

1) 657+909= **584**   7) 855+822= **975**

2) 119+676= **395**   8) 206+738= **523**

3) 499+763= **324**   9) 400+209= **195**

4) 386+112= **120**   10) 461+518= **481**

5) 314+669= **243**   11) 830+401= **986**

6) 492+229= **792**   12) 924+480= **408**

P : « 27 »

1) 319+891= **374**   7) 508+204= **564**

2) 910+654= **718**   8) 479+424= **584**

3) 801+466= **579**   9) 151+358= **571**

4) 982+778= **442**   10) 594+860= **420**

5) 822+802= **739**   11) 882+525= **642**

6) 356+924= **343**   12) 913+838= **913**

P : « 28 »

1) 772+117= **854**   7) 562+681= **358**

2) 149+174= **410**   8) 428+794= **864**

3) 952+330= **157**   9) 896+463= **278**

4) 314+839= **287**   10) 472+790= **632**

5) 914+265= **461**   11) 903+289= **680**

6) 242+209= **604**   12) 287+374= **298**

P : « 29 »

1) 280+252= **727**   7) 368+989= **958**

2) 446+199= **827**   8) 243+329= **984**

3) 761+183= **352**   9) 135+566= **657**

4) 527+322= **274**   10) 256+639= **589**

5) 729+197= **694**   11) 919+741= **930**

6) 215+335= **751**   12) 196+465= **582**

P : « 30 »

1) 368+663= **355**   7) 296+488= **460**

2) 420+302= **278**   8) 209+216= **853**

3) 724+254= **383**   9) 935+844= **462**

4) 272+698= **416**   10) 991+110= **151**

5) 424+916= **306**   11) 854+229= **697**

6) 301+527= **225**   12) 608+438= **454**

P : « 31 »

1) 822+523= **1345**   7) 758+889= **1647**

2) 423+144= **567**   8) 353+161= **514**

3) 975+647= **1622**   9) 619+589= **1208**

4) 599+726= **1325**   10) 916+470= **1386**

5) 480+938= **1418**   11) 296+983= **1279**

6) 944+709= **1653**   12) 844+776= **1620**

P : « 32 »

1) 196+402= **598**   7) 371+957= **1328**

2) 879+472= **1351**   8) 816+748= **1564**

3) 676+994= **1670**   9) 610+818= **1428**

4) 694+698= **1392**   10) 420+405= **825**

5) 895+320= **1215**   11) 974+618= **1592**

6) 472+601= **1073**   12) 823+998= **1821**

P : « 33 »

1) 733+657= **1390**   7) 928+900= **1828**

2) 644+36= **680**   8) 273+919= **1192**

3) 915+377= **1292**   9) 185+907= **1092**

4) 323+767= **1090**   10) 776+952= **1728**

5) 568+698= **1266**   11) 685+885= **1570**

6) 543+445= **988**   12) 527+967= **1494**

P : « 34 »

1) 89+276= **365**   7) 995+404= **1399**

2) 492+40= **532**   8) 314+758= **1072**

3) 506+624= **1130**   9) 323+956= **1279**

4) 179+697= **876**   10) 604+278= **882**

5) 566+799= **1365**   11) 786+237= **1023**

6) 579+180= **759**   12) 606+899= **1505**

P : « 35 »

1) 207+506= **713**   7) 150+987= **1137**

2) 783+994= **1777**   8) 801+848= **1649**

3) 368+393= **761**   9) 392+449= **841**

4) 182+31= **213**   10) 949+54= **1003**

5) 52+990= **1042**   11) 331+197= **528**

6) 298+233= **531**   12) 136+347= **483**

P : « 36 »

1) 898+437= **1335**   7) 302+916= **1218**

2) 593+673= **1266**   8) 773+253= **1026**

3) 812+358= **1170**   9) 770+737= **1507**

4) 843+533= **1376**   10) 539+828= **1367**

5) 323+767= **1090**   11) 499+940= **1439**

6) 974+211= **1185**   12) 702+906= **1608**

P : « 37 »

1) 38+163= **201**   7) 283+657= **940**

2) 183+140= **323**   8) 263+363= **626**

3) 157+605= **762**   9) 919+498= **1417**

4) 580+497= **1077**   10) 148+108= **256**

5) 728+375= **1103**   11) 32+882= **914**

6) 449+347= **796**   12) 682+547= **1229**

P : « 38 »

1) 88+664= **752**   7) 551+472= **1023**

2) 476+455= **931**   8) 318+774= **1092**

3) 652+976= **1628**   9) 910+619= **1529**

4) 721+211= **932**   10) 508+163= **671**

5) 762+357= **1119**   11) 433+726= **1159**

6) 275+22= **297**   12) 293+678= **971**

P : « 39 »

1) 692+918= **1610**   7) 679+475= **1154**

2) 281+733= **1014**   8) 463+779= **1242**

3) 880+153= **1033**   9) 355+505= **860**

4) 991+435= **1426**   10) 666+289= **955**

5) 307+709= **1016**   11) 721+172= **893**

6) 895+985= **1880**   12) 463+451= **914**

P : « 40 »

1) 289+521= **810**   7) 895+751= **1646**

2) 726+349= **1075**   8) 550+712= **1262**

3) 77+368= **445**   9) 929+605= **1534**

4) 992+330= **1322**   10) 424+668= **1092**

5) 609+863= **1472**   11) 886+930= **1816**

6) 470+900= **1370**   12) 591+655= **1246**

P : « 41 »

1) 614+452= **1066**   7) 790+545= **1335**

2) 453+256= **709**   8) 627+868= **1495**

3) 635+229= **864**   9) 887+828= **1715**

4) 822+843= **1665**   10) 208+169= **377**

5) 455+816= **1271**   11) 892+951= **1843**

6) 542+674= **1216**   12) 911+3= **914**

P : « 42 »

1) 517+152= **669**   7) 972+784= **1756**

2) 235+531= **766**   8) 591+114= **705**

3) 175+867= **1042**   9) 632+876= **1508**

4) 338+439= **777**   10) 264+255= **519**

5) 754+313= **1067**   11) 521+105= **626**

6) 153+4= **157**   12) 130+169= **299**

P : « 43 »

1) 806+851= **1657**
2) 352+923= **1275**
3) 704+288= **992**
4) 243+608= **851**
5) 512+832= **1344**
6) 594+763= **1357**
7) 382+562= **944**
8) 785+200= **985**
9) 361+583= **944**
10) 984+194= **1178**
11) 768+575= **1343**
12) 682+963= **1645**

P : « 44 »

1) 328+326= **654**
2) 429+921= **1350**
3) 360+107= **467**
4) 676+808= **1484**
5) 391+409= **800**
6) 544+455= **999**
7) 64+203= **267**
8) 174+771= **945**
9) 225+924= **1149**
10) 639+262= **901**
11) 468+803= **1271**
12) 393+659= **1052**

P : « 45 »

1) 397+287= **684**
2) 916+883= **1799**
3) 161+395= **556**
4) 119+620= **739**
5) 247+466= **713**
6) 571+316= **887**
7) 611+545= **1156**
8) 354+335= **689**
9) 432+162= **594**
10) 514+66= **580**
11) 930+821= **1751**
12) 726+801= **1527**

P : « 46 »

1) 1-0= **1**
2) 1-1= **0**
3) 6-3= **3**
4) 3-0= **3**
5) 0-0= **0**
6) 1-0= **1**
7) 8-0= **8**
8) 2-1= **1**
9) 2-0= **2**
10) 8-5= **3**
11) 8-2= **6**
12) 3-2= **1**

P : « 47 »

1) 4-2= **2**
2) 3-3= **0**
3) 8-3= **5**
4) 5-5= **0**
5) 1-0= **1**
6) 6-4= **2**
7) 1-1= **0**
8) 6-0= **6**
9) 2-1= **1**
10) 9-2= **7**
11) 7-5= **2**
12) 3-2= **1**

P : « 48 »

1) 8-0= **8**
2) 0-0= **0**
3) 1-1= **0**
4) 9-9= **0**
5) 9-0= **9**
6) 4-1= **3**
7) 3-0= **3**
8) 8-2= **6**
9) 1-1= **0**
10) 3-0= **3**
11) 7-1= **6**
12) 8-1= **7**

P : « 49 »

1) 4-4= **0**   7) 2-2= **0**

2) 4-0= **4**   8) 2-0= **2**

3) 8-1= **7**   9) 9-8= **1**

4) 8-7= **1**   10) 1-1= **0**

5) 4-0= **4**   11) 8-1= **7**

6) 4-1= **3**   12) 1-1= **0**

P : « 50 »

1) 8-3= **5**   7) 5-1= **4**

2) 6-2= **4**   8) 9-4= **5**

3) 8-0= **8**   9) 9-8= **1**

4) 0-0= **0**   10) 8-3= **5**

5) 3-0= **3**   11) 7-3= **4**

6) 5-4= **1**   12) 7-7= **0**

P : « 51 »

1) 86-36= **50**   7) 43-34= **9**

2) 92-36= **56**   8) 78-37= **41**

3) 62-41= **21**   9) 28-25= **3**

4) 59-18= **41**   10) 65-43= **22**

5) 54-18= **36**   11) 72-59= **13**

6) 18-15= **3**   12) 49-16= **33**

P : « 52 »

1) 46-12= **34**   7) 44-15= **29**

2) 59-35= **24**   8) 68-17= **51**

3) 83-50= **33**   9) 57-23= **34**

4) 93-82= **11**   10) 45-19= **26**

5) 39-24= **15**   11) 44-32= **12**

6) 62-53= **9**   12) 83-22= **61**

P : « 53 »

1) 85-72= **13**   7) 28-13= **15**

2) 74-30= **44**   8) 86-40= **46**

3) 37-36= **1**   9) 57-56= **1**

4) 54-42= **12**   10) 45-17= **28**

5) 68-64= **4**   11) 77-60= **17**

6) 73-10= **63**   12) 24-15= **9**

P : « 54 »

1) 19-11= **8**   7) 90-20= **70**

2) 39-22= **17**   8) 86-71= **15**

3) 16-10= **6**   9) 48-46= **2**

4) 30-22= **8**   10) 92-40= **52**

5) 70-21= **49**   11) 64-33= **31**

6) 39-28= **11**   12) 61-13= **48**

P : « 55 »

1) 10-10= **0**   7) 72-56= **16**

2) 51-36= **15**   8) 59-32= **27**

3) 97-61= **36**   9) 62-50= **12**

4) 10-10= **0**   10) 11-11= **0**

5) 37-25= **12**   11) 79-19= **60**

6) 84-75= **9**   12) 21-12= **9**

P : « 56 »

1) 41-26= **15**   7) 91-85= **6**

2) 38-36= **2**   8) 27-15= **12**

3) 40-10= **30**   9) 15-15= **0**

4) 63-17= **46**   10) 21-15= **6**

5) 23-17= **6**   11) 96-39= **57**

6) 26-20= **6**   12) 45-44= **1**

P : « 57 »

1) 27-21= **6**   7) 53-50= **3**

2) 10-10= **0**   8) 70-52= **18**

3) 74-33= **41**   9) 90-42= **48**

4) 73-41= **32**   10) 84-83= **1**

5) 27-23= **4**   11) 26-19= **7**

6) 73-37= **36**   12) 98-48= **50**

P : « 58 »

1) 14-14= **0**   7) 93-32= **61**

2) 14-12= **2**   8) 33-10= **23**

3) 43-34= **9**   9) 71-21= **50**

4) 56-12= **44**   10) 35-29= **6**

5) 41-21= **20**   11) 88-44= **44**

6) 78-19= **59**   12) 85-81= **4**

P : « 59 »

1) 76-32= **44**   7) 67-51= **16**

2) 94-14- **80**   8) 22-14- **8**

3) 36-17= **19**   9) 44-29= **15**

4) 80-21= **59**   10) 42-29= **13**

5) 20-13= **7**   11) 75-75= **0**

6) 33-25= **8**   12) 51-11= **40**

P : « 60 »

1) 28-16= **12**   7) 72-30= **42**

2) 77-50= **27**   8) 57-37= **20**

3) 34-15= **19**   9) 44-20= **24**

4) 31-16= **15**   10) 50-36= **14**

5) 46-14= **32**   11) 67-35= **32**

6) 70-42= **28**   12) 76-22= **54**

P : « 61 »

1) 45-22= **23**   7) 48-28= **20**

2) 90-55= **35**   8) 63-49= **14**

3) 40-21= **19**   9) 89-16= **73**

4) 37-14= **23**   10) 26-16= **10**

5) 98-86= **12**   11) 81-58= **23**

6) 14-13= **1**   12) 97-44= **53**

P : « 62 »

1) 94-28= **66**   7) 90-70= **20**

2) 95-52= **43**   8) 19-19= **0**

3) 83-53= **30**   9) 65-23= **42**

4) 48-15= **33**   10) 42-31= **11**

5) 12-12= **0**   11) 50-12= **38**

6) 17-14= **3**   12) 31-27= **4**

P : « 63 »

1) 78-37= **41**   7) 86-25= **61**

2) 77-67= **10**   8) 77-50= **27**

3) 29-16= **13**   9) 24-23= **1**

4) 34-10= **24**   10) 98-50= **48**

5) 66-20= **46**   11) 89-27= **62**

6) 54-30= **24**   12) 67-53= **14**

P : « 64 »

1) 80-35= **45**   7) 45-19= **26**

2) 88-44= **44**   8) 66-65= **1**

3) 63-20= **43**   9) 65-42= **23**

4) 63-24= **39**   10) 19-11= **8**

5) 15-14= **1**   11) 43-33= **10**

6) 45-19= **26**   12) 60-53= 7

P : « 65 »

1) 48-35= **13**   7) 60-35= **25**

2) 93-15= **78**   8) 42-21= **21**

3) 44-42= **2**   9) 10-10= **0**

4) 68-65= **3**   10) 34-25= **9**

5) 43-31= **12**   11) 54-34= **20**

6) 32-22= **10**   12) 39-31= **8**

P : « 66 »

1) 614-613= **1**   7) 430-153= **277**

2) 829-778= **51**   8) 826-356= **470**

3) 516-289= **227**   9) 392-206= **186**

4) 703-607= **96**   10) 485-49= **436**

5) 242-80= **162**   11) 584-275= **309**

6) 112-9= **103**   12) 121-114= 7

P : « 67 »

1) 728-638= **90**   7) 341-294= **47**

2) 742-618= **124**   8) 885-72= **813**

3) 530-24= **506**   9) 559-127= **432**

4) 297-255= **42**   10) 327-95= **232**

5) 380-300= **80**   11) 389-204= **185**

6) 348-105= **243**   12) 194-61= **133**

P : « 68 »

1) 993-281= **712**   7) 590-0= **590**

2) 498-79= **419**   8) 441-159= **282**

3) 695-282= **413**   9) 212-209= **3**

4) 876-255= **621**   10) 167-6= **161**

5) 494-16= **478**   11) 858-670= **188**

6) 701-245= **456**   12) 331-182= **149**

P : « 69 »

1) 437-212= **225**   7) 170-31= **139**

2) 590-93= **497**   8) 249-149= **100**

3) 365-196= **169**   9) 763-398= **365**

4) 624-483= **141**   10) 836-688= **148**

5) 642-286= **356**   11) 601-189= **412**

6) 417-87= **330**   12) 247-124= **123**

P : « 70 »

1) 149-140= **9**   7) 848-427= **421**

2) 426-93= **333**   8) 640-577= **63**

3) 250-7= **243**   9) 807-450= **357**

4) 239-234= **5**   10) 773-540= **233**

5) 774-394= **380**   11) 687-439= **248**

6) 624-78= **546**   12) 639-490= **149**

P : « 71 »

1) 141-26= **115**   7) 163-26= **137**

2) 662-369= **293**   8) 200-137= **63**

3) 340-183= **157**   9) 878-724= **154**

4) 249-150= **99**   10) 724-706= **18**

5) 165-162= **3**   11) 104-70= **34**

6) 716-386= **330**   12) 799-359= **440**

P : « 72 »

1) 111-64= **47**   7) 248-111= **137**

2) 315-76= **239**   8) 857-420= **437**

3) 642-95= **547**   9) 283-215= **68**

4) 639-244= **395**   10) 955-408= **547**

5) 125-110= **15**   11) 985-4= **981**

6) 435-108= **327**   12) 544-138= **406**

P : « 73 »

1) 675-281= **394**   7) 903-572= **331**

2) 632-624= **8**   8) 371-370= **1**

3) 659-252= **407**   9) 510-509= **1**

4) 942-249= **693**   10) 491-181= **310**

5) 216-100= **116**   11) 179-150= **29**

6) 495-398= **97**   12) 297-196= **101**

P : « 74 »

1) 691-326= **365**   7) 743-547= **196**

2) 906-617= **289**   8) 520-178= **342**

3) 430-322= **108**   9) 695-384= **311**

4) 532-203= **329**   10) 837-11= **826**

5) 842-407= **435**   11) 252-87= **165**

6) 179-142= **37**   12) 115-111= **4**

P : « 75 »

1) 416-144= **272**   7) 445-400= **45**

2) 433-68= **365**   8) 502-25= **477**

3) 370-355= **15**   9) 312-178= **134**

4) 219-142= **77**   10) 288-97= **191**

5) 589-85= **504**   11) 733-173= **560**

6) 195-24= **171**   12) 245-242= **3**

P : « 76 »

1) 277-64= **213**   7) 672-325= **347**

2) 382-267= **115**   8) 240-75= **165**

3) 309-207= **102**   9) 890-454= **436**

4) 285-225= **60**   10) 167-162= **5**

5) 641-403= **238**   11) 396-161= **235**

6) 614-600= **14**   12) 461-59= **402**

P : « 77 »

1) 573-24= **549**   7) 470-261= **209**

2) 580-551= **29**   8) 190-2= **188**

3) 989-157= **832**   9) 115-84= **31**

4) 402-211= **191**   10) 598-401= **197**

5) 302-123= **179**   11) 461-249= **212**

6) 655-24= **631**   12) 643-336= **307**

P : « 78 »

1) 488-259= **229**   7) 461-179= **282**

2) 917-605= **312**   8) 876-105= **771**

3) 143-45= **98**   9) 661-649= **12**

4) 621-321= **300**   10) 764-564= **200**

5) 656-488= **168**   11) 452-447= **5**

6) 640-252= **388**   12) 192-84= **108**

P : « 79 »

1) 522-200= **322**   7) 642-507= **135**

2) 772-521= **251**   8) 368-288= **80**

3) 100-57= **43**   9) 936-277= **659**

4) 408-92= **316**   10) 106-57= **49**

5) 146-0= **146**   11) 134-15= **119**

6) 727-337= **390**   12) 742-386= **356**

P : « 80 »

1) 245-92= **153**   7) 425-417= **8**

2) 391-6= **385**   8) 814-109= **705**

3) 811-200= **611**   9) 821-148= **673**

4) 263-115= **148**   10) 977-818= **159**

5) 106-6= **100**   11) 225-79= **146**

6) 590-360= **230**   12) 610-193= **417**

P : « 81 »

1) 175-52= **123**   7) 514-506= **8**

2) 913-463= **450**   8) 347-176= **171**

3) 514-289= **225**   9) 965-367= **598**

4) 923-422= **501**   10) 394-315= **79**

5) 832-35= **797**   11) 989-184= **805**

6) 571-427= **144**   12) 636-108= **528**

P : « 82 »

1) 919-86= **833**   7) 258-214= **44**

2) 724-670= **54**   8) 748-527= **221**

3) 509-324= **185**   9) 293-136= **157**

4) 133-51= **82**   10) 775-128= **647**

5) 955-782= **173**   11) 327-35= **292**

6) 500-33= **467**   12) 522-193= **329**

P : « 83 »

1) 576-516= **60**   7) 449-290= **159**

2) 544-42= **502**   8) 785-607= **178**

3) 193-124= **69**   9) 469-156= **313**

4) 479-76= **403**   10) 991-426= **565**

5) 929-552= **377**   11) 367-266= **101**

6) 808-726= **82**   12) 943-57= **886**

P : « 84 »

1) 207-108= **99**   7) 340-142= **198**

2) 225-97= **128**   8) 564-521= **43**

3) 538-175= **363**   9) 359-292= **67**

4) 866-611= **255**   10) 566-380= **186**

5) 639-546= **93**   11) 727-518= **209**

6) 419-127= **292**   12) 706-465= **241**

P : « 85 »

1) 685-583= **102**   7) 537-187= **350**

2) 798-208= **590**   8) 506-31= **475**

3) 362-329= **33**   9) 935-920= **15**

4) 359-329= **30**   10) 770-705= **65**

5) 527-498= **29**   11) 913-208= **705**

6) 497-369= **128**   12) 485-328= **157**

P : « 86 »

1) 915-80= **835**   7) 942-638= **304**

2) 139-98= **41**   8) 520-487= **33**

3) 455-246= **209**   9) 503-405= **98**

4) 895-656= **239**   10) 116-40= **76**

5) 102-60= **42**   11) 562-204= **358**

6) 911-422= **489**   12) 985-759= **226**

P : « 87 »

1) 402-238= **164**   7) 599-353= **246**

2) 172-0= **172**   8) 189-85= **104**

3) 733-249= **484**   9) 946-168= **778**

4) 584-359= **225**   10) 910-891= **19**

5) 450-121= **329**   11) 743-568= **175**

6) 616-449= **167**   12) 326-315= **11**

P : « 88 »

1) 301-65= **236**   7) 158-156= **2**

2) 228-211= **17**   8) 642-403= **239**

3) 767-633= **134**   9) 872-576= **296**

4) 618-506= **112**   10) 416-248= **168**

5) 505-141= **364**   11) 867-726= **141**

6) 907-48= **859**   12) 171-158= **13**

P : « 89 »

1) 632-452= **180**   7) 341-0= **341**

2) 544-266= **278**   8) 578-410= **168**

3) 362-362= **0**   9) 296-6= **290**

4) 172-93= **79**   10) 298-288= **10**

5) 911-392= **519**   11) 680-536= **144**

6) 741-27= **714**   12) 635-446= **189**

P : « 90 »

1) 578-493= **85**   7) 248-69= **179**

2) 965-324= **641**   8) 543-124= **419**

3) 734-161= **573**   9) 993-513= **480**

4) 309-143= **166**   10) 568-245= **323**

5) 784-472= **312**   11) 205-93= **112**

6) 824-343= **481**   12) 483-221= **262**

P : « 91 »

1) 105-53= **52**   7) 462-283= **179**

2) 739-557= **182**   8) 910-525= **385**

3) 509-141= **368**   9) 381-54= **327**

4) 162-89= **73**   10) 326-60= **266**

5) 685-29= **656**   11) 935-911= **24**

6) 616-586= **30**   12) 706-147= **559**

P : « 92 »

1) 253-124= **129**   7) 255-52= **203**

2) 325-111= **214**   8) 106-91= **15**

3) 887-715= **172**   9) 257-11= **246**

4) 442-214= **228**   10) 756-212= **544**

5) 292-189= **103**   11) 865-380= **485**

6) 713-21= **692**   12) 603-407= **196**

P : « 93 »

1) 589-433= **156**   7) 180-3= **177**

2) 100-45= **55**   8) 229-26= **203**

3) 737-399= **338**   9) 888-512= **376**

4) 394-267= **127**   10) 267-158= **109**

5) 141-51= **90**   11) 621-270= **351**

6) 226-77= **149**   12) 147-23= **124**

P : « 94 »

1) 391-120= **271**   7) 682-406= **276**

2) 437-39= **398**   8) 885-516= **369**

3) 800-545= **255**   9) 850-596= **254**

4) 676-618= **58**   10) 107-59= **48**

5) 857-32= **825**   11) 664-219= **445**

6) 294-31= **263**   12) 250-84= **166**

P : « 95 »

1) 295-182= **113**   7) 957-392= **565**

2) 602-204= **398**   8) 534-91= **443**

3) 740-376= **364**   9) 414-398= **16**

4) 793-515= **278**   10) 417-246= **171**

5) 232-17= **215**   11) 433-34= **399**

6) 272-226= **46**   12) 554-542= **12**

P : « 96 »

1) 344-53= **291**   7) 363-252= **111**

2) 774-716= **58**   8) 170-155= **15**

3) 239-139= **100**   9) 486-333= **153**

4) 835-818= **17**   10) 313-92= **221**

5) 448-262= **186**   11) 202-140= **62**

6) 539-487= **52**   12) 825-793= **32**